高职高专园林专业"十三五"规划教材

U0663552

园林植物
造景应用图析

YUANLIN ZHIWU ZAOJING YINGYONG TUXI

主　编　何礼华　王登荣
副主编　李耀健　唐必成
　　　　杨　凡　张淑琴
　　　　唐海燕　张　惟

ZHEJIANG UNIVERSITY PRESS
浙江大学出版社

图书在版编目（CIP）数据

园林植物造景应用图析／何礼华，王登荣主编. —
杭州：浙江大学出版社，2017.6（2024.8重印）
　　ISBN 978-7-308-16638-6

　　Ⅰ.①常… Ⅱ.①何… ②王…Ⅲ.①园林植物-
园林设计-图解 Ⅳ.①TU968.2-64

　　中国版本图书馆CIP数据核字(2017)第023516号

园林植物造景应用图析

何礼华　王登荣　主　编

责任编辑	王元新
责任校对	徐　霞
封面设计	杭州林智广告有限公司
出版发行	浙江大学出版社
	（杭州天目山路148号　邮政编码：310007）
	（网址：http://www.zjupress.com）
排　版	杭州林智广告有限公司
印　刷	浙江省邮电印刷股份有限公司
开　本	889mm×1194mm　1/16
印　张	14.25
字　数	375千
版印次	2017年6月第1版　2024年8月第6次印刷
书　号	ISBN 978-7-308-16638-6
定　价	68.00元

浙江大学出版社市场运营中心联系方式：(0571) 88925591；http://zjdxcbs.tmall.com

编 写 委 员 会

顾　问：汪建云（中国高职教育研究会农林牧专业协会副会长、浙江省高职教
　　　　育农林牧渔类教学指导委员会主任、二级教授）

　　　　芦建国（南京林业大学风景园林学院风景园林植物研究所所长、教授）

　　　　吴光洪（浙江省风景园林学会副理事长兼园林工程分会会长、杭州市
　　　　园林绿化股份有限公司董事长）

　　　　朱之君（城乡建设全国理事会副理事长、浙江省花卉协会庭院植物与
　　　　造景研究分会会长）

主　任：包志毅（浙江农林大学风景园林与建筑学院名誉院长、教授、博导，
　　　　高等学校风景园林学科专业指导委员会委员，住房与城乡建
　　　　设部风景园林专家委员会委员）

副主任：祝志勇（宁波城市职业技术学院高职教育研究中心主任、教授）

　　　　张树生（金华职业技术学院农业与生物工程学院院长、教授）

　　　　楼建勇（英国皇家园艺协会会员、浙江省风景园林学会造园艺术专业
　　　　委员会主任委员、浙江省园林大师、教授级高工）

　　　　张炎良（中国风景园林学会园林工程分会副会长、城乡建设全国理事
　　　　会理事、杭州市园林绿化股份有限公司总裁）

　　　　卢承志（杭州博古真智教育科技有限公司总经理）

委　员：何礼华① 　王登荣② 　李寿仁③ 　黄敏强④ 　徐绒娣⑤ 　龚仲幸⑥
　　　　屠娟丽⑦ 　杨照渠⑧ 　金建红⑨ 　胡　牟⑩ 　章广明⑪ 　窦学武⑫
　　　　崔怀祖⑬ 　李晓巍⑭ 　郜亚微⑮ 　全国明⑯ 　刘和平⑰ 　杨凯波⑱
　　　　符志华⑲ 　赵子贤⑳ 　徐洪武㉑ 　李利博㉒ 　高建亮㉓ 　陶良如㉔

【①中国林科院亚热带林业研究所；②杭州博古真智教育科技有限公司；③杭州市园林
绿化股份有限公司；④杭州凰家园林景观有限公司；⑤宁波植物园；⑥杭州职业技术学
院；⑦嘉兴职业技术学院；⑧台州科技职业学院；⑨温州科技职业学院；⑩丽水职业技
术学院；⑪江苏农林职业技术学院；⑫上海农林职业技术学院；⑬江西工程职业学院；
⑭云南林业职业技术学院；⑮广安职业技术学院；⑯广州城市职业学院；⑰阳江职业技
术学院；⑱扬州市职业大学；⑲重庆三峡职业学院；⑳济南工程职业技术学院；㉑池州
职业技术学院；㉒唐山职业技术学院；㉓湖南环境生物职业技术学院；㉔河南农业职业
学院】

主 　编：何礼华（中国林科院亚热带林业研究所）

　　　　 王登荣（杭州博古真智教育科技有限公司）

副 主 编：李耀健（宁波城市职业技术学院）

　　　　 唐必成（福建林业职业技术学院）

　　　　 杨　凡（云南林业职业技术学院）

　　　　 张淑琴（广安职业技术学院）

　　　　 唐海燕（湖北生物科技职业学院）

　　　　 张　惟（广东科贸职业学院）

参编人员：林云跃（丽水职业技术学院）

　　　　 俞安平（杭州科技职业技术学院）

　　　　 张瑞阳（金华职业技术学院）

　　　　 应巧艳（台州科技职业学院）

　　　　 夏　卿（温州科技职业学院）

　　　　 黄超群（嘉兴职业技术学院）

　　　　 宋　扬（浙江同济科技职业学院）

　　　　 刘国华（江苏农林职业技术学院）

　　　　 高东菊（上海农林职业技术学院）

　　　　 秦　琴（重庆建筑科技职业学院）

　　　　 周文飞（杭州凰家园林景观有限公司）

　　　　 蒋晶晶（棕榈生态城镇发展股份有限公司）

　　　　 何敏豪（杭州富春湾新城基础设施建设有限公司）

摄 　影：何礼华　王登荣　杨　凡　李耀健

绘 　图：李耀健　唐必成　张淑琴　唐海燕　张　惟

前　言

在当今社会，城市园林绿地不只是作为游憩之用，而且具有保护和改善环境的功能。人们游憩在景色优美和清静温馨的园林环境中，有助于消除长时间工作带来的紧张和疲乏，使脑力、体力得到恢复。依托园林景观开展的游乐、健身、文化、科普等活动，更可以丰富知识和充实精神生活。园林景观建设作为反映社会现代化水平与城市化水平的重要标志，是现代城市进步的重要象征，也是建设社会主义精神文明的重要窗口。

随着我国社会经济持续快速的发展和人们物质生活水平的不断提高，精神文化需求日趋旺盛，人们对生活环境的要求也不断提高，生态文明、美丽中国、建设高度社会主义精神文明已成为人们的美好愿景。"盛世造园"，园林行业得遇良机，园林建设队伍随之迅速扩大，园林企业对园林人才的数量需求与素质要求不断提高，从而对园林人才的培养提出了更高的要求。

园林植物造景应用能力是园林绿化设计、施工与管理从业人员都应当熟练掌握的专业能力，因为园林植物造景是园林工程最主要的内容，在园林绿地和各类建筑环境景观建设中植物造景的成败，直接影响到园林工程和建筑环境景观的效果与质量。目前在国内高等职业院校园林专业教育的教材中，植物造景类的教材虽然不少，但还存在一定的缺陷。如理论篇幅较大，图片偏少；或者以黑白图片为主，视觉效果不佳；或者虽有较多图片，但和文字结合不够密切妥当。本书从植物基本分类、观赏特性、植物属性及造景作用的分析入手，融合生态学、形式美、意境美的植物造景法则，结合植物配置的各种形式，系统阐述各类景观环境植物造景的基本要求和方法。全书以大量的彩色图片为主，配以系统的文字贯穿，直观易学，使读者能快速掌握植物造景的基本法则与方法。

为提高园林植物造景应用能力的教学效果，使本书内容更切合园林工程的实际情况，本书编写委员会充分利用园林企业资源，以校企合作方式组织编写。在多位高校教授和园林企业技术名师的指导下，由中国林科院亚热带林业研究所何礼华和杭州博古真智教育科技有限公司王登荣担任主编；宁波城市职业技术学院李耀健、福建林业职业技术学院唐必成、云南林业职业技术学院杨凡、广安职业技术学院张淑琴、湖北生物科技职业学院唐海燕、广东科贸职业学院张惟担任副主编；参编人员还有丽水职业技术学院林云跃、杭州科技职业技术学院俞安平、金华职业技术学院张瑞阳、台州科技职业学院应巧艳、嘉兴职业技术学院黄超群、温州科技职业学院夏卿、浙江同济科技职业学院宋扬、江苏农林职业技术学院刘国华、上海农林职业技术学院高东菊、重庆建筑科技职业学院秦琴、杭州凰家园林景观有限公司周文飞、棕榈生态城镇发展股份有限公司蒋晶晶、杭州富春湾新城基础设施建设有限公司何敏豪。

　　本书是编者根据多年专业实践和教学经验，在立足传统植物造景的基础上结合国内外目前园林植物造景的设计理念与规范等精心编写而成，内容翔实，系统性强。在结构体系上重点突出，详略得当，注意知识的融会贯通，突出了综合性的编写原则。全书图文并茂，直观易学，适用于园林技术、园林工程技术、环境艺术设计等专业的教学，也可以作为园林、环艺等相关专业人员的培训教材和参考用书。

　　在本书的编写过程中，参考了一些书籍、文献和网络资料，力求做到内容充实与全面。另外，在本书的编写和出版过程中，得到了许多专家和学者的热心指导以及多家园林企业的大力支持。在此谨向给予指导和支持的专家、学者、园林企业以及参考书、网络资料的作者致以衷心的感谢。

　　由于园林植物造景知识涉及面广，内容繁多，且造景理念日新月异，因此本书很难全面反映其各个方面。加之编者的学识与经验有限，书中难免有疏漏和不妥之处，敬请业内专家和广大读者批评指正。

编　者

二〇一七年六月

目 录
CONTENTS

02 园林植物的属性与作用

03 植物造景的原则与法则

04 植物造景的形式与手法

05 各类植物造景应用图例

01

园林植物的类型

　　园林植物是营造自然生态环境的美丽天使，是园林景观中不可缺少的构成要素。我国幅员辽阔，植物种类十分丰富，其中用于园林的植物也多种多样，这为园林景观营造提供了有利的条件。我们在利用植物元素造景时，要充分了解每种植物的类型，尊重各类型植物的自然生长特性，尽可能做到适地适树，并要做到针叶与阔叶搭配、常绿与落叶搭配、高中低搭配、不同色彩搭配。只有充分合理地利用各类型植物，发挥每一类植物的优势和特长，才能营造出自然生态的人居环境，为人类造福。

🌱 1.1 按植物生物学特性分类

园林植物按照生物学特性分类，大体可分为乔木类植物、小乔木类植物、灌木类植物、藤本类植物、特型类植物、竹类植物、水生类植物、地被类植物和草花类植物。

■ 1.1.1 乔木类植物

乔木类植物通常指主干明显、粗壮、直立、可以成材的高大树木，一般树体高度在10m以上。根据冬季是否落叶，乔木类植物可分为常绿针叶乔木、落叶针叶乔木、常绿阔叶乔木和落叶阔叶乔木。

■ 1. 常绿针叶乔木

常绿针叶乔木主要是松科、杉科、柏科、罗汉松科、红豆杉科的树木。在园林中常用的树种有雪松、马尾松、油松、华山松、黄山松、白皮松、湿地松、罗汉松、杉木、油杉、三尖杉、日本冷杉、云杉、柳杉、台湾杉、红豆杉、南方红豆杉、南洋杉、柏木、侧柏、圆柏、日本花柏等。

▲ 雪松

常绿针叶乔木树体高大，叶形纤细，叶色四季翠绿，以观形、观叶为主，少数树种的种子及附属器官也有一定的观赏价值，如罗汉松、红豆杉等。

▲ 罗汉松

▲ 红豆杉

▲ 湿地松

▲ 柏木

▲ 圆柏

▲ 油杉

▲ 南洋杉（华南地区）

■ 2. 落叶针叶乔木

　　落叶针叶乔木的树种不多，主要是松科和杉科的少数树木。在园林中常用的有金钱松、水杉、池杉、落羽杉、墨西哥落羽杉、水松、中山杉、东方杉等。

　　落叶针叶乔木树体高大挺拔，春夏叶色青翠，秋季叶色金黄或橙红，冬季叶落清秀，在园林景观中以观形、观叶为主。

▲ 金钱松（春）

▲ 水杉（夏）

▲ 池杉（夏）

▲ 落羽杉（秋）

■ 3. 常绿阔叶乔木

　　常绿阔叶乔木的树种很多，在园林中常用的有香樟、浙江樟、紫楠、红楠、女贞、桂花、广玉兰、深山含笑、乐昌含笑、木莲、红花木莲、乳源木莲、乐东拟单性木兰、杜英、冬青、木荷、苦槠、银荆树、竹柏、柚、枇杷、红豆树、榕树等。

　　常绿阔叶乔木树姿多样，叶色也比较丰富，以观形、观叶为主，如乐东拟单性木兰的新叶是暗红色的、杜英的老叶是红色的；也有一些观形、观叶兼观花的，如桂花、广

▲ 香樟

▲ 广玉兰

▲ 榕树

▲ 柚（秋冬季观果）

▲ 杜英（老叶红色）

玉兰、深山含笑、红花木莲
等；还有一些观形、观叶兼
观果的，如冬青、铁冬青、
柚、胡柚、枇杷等。

▲ 冬青

▲ 胡柚

▲ 枇杷

■ 4. 落叶阔叶乔木

落叶阔叶乔木与常绿阔叶乔木相比，具有更强的适应性，分布范围更广，尤其在北方地区应用更多。在南北园林中常用的树种有银杏、鹅掌楸、玉兰、枫香、悬铃木、梧桐、毛白杨、垂柳、枫杨、合欢、槐树、刺槐、无患子、栾树、榆树、榔榆、朴树、榉树、珊瑚朴、三角枫、元宝枫、秀丽槭、构树、喜树、七叶树、乌桕、重阳木、杜仲、苦楝、香椿、臭椿、柿树、枣树、枳椇、白蜡、楸树、黄金树等。

落叶阔叶乔木具有明显的季相变化，大部分树种的秋季叶色变成黄色、橙黄、橙红或红色，观赏价值很高。

▲ 枫香（秋）

▲ 银杏（秋）

▲ 乌桕（秋）

▲ 朴树（秋）

▲ 元宝枫（秋）

▲ 垂柳（春）

▲ 悬铃木（秋）

▲ 无患子（秋）

▲ 白玉兰（春）

▲ 红运二乔玉兰（春）

▲ 杂交马褂木（夏）

▲ 七叶树（夏）

■■■ 1.1.2 小乔木类植物

小乔木类植物的树干比较明显、直立，但树干不如乔木那么粗壮，树体高度也比乔木低一些，约为5~10m。根据冬季是否落叶，小乔木类植物主要分为常绿阔叶小乔木和落叶阔叶小乔木，但也有少量的常绿针叶小乔木。

■ 1. 常绿阔叶小乔木

常绿阔叶小乔木树种不多，以观叶为主，也有少量具有观花、观果价值，还有些树种适合于修剪整形，通常被修整成球形或圆柱形。在园林中常用的有中华石楠、椤木石楠、红叶石楠、枸骨、珊瑚树、柊树、胡颓子、檵木、杨梅、四季桂、山茶花、含笑、柑橘等。

红叶石楠的新叶是红色的，柊树的叶片像被剪出了棱角一样，枸骨的叶形也很特别；山茶花的花色多样而美丽，含笑的花色金黄且有香味；枸骨、胡颓子、珊瑚树、柑橘的果实，也都具有一定的观赏价值。

▲ 椤木石楠

▲ 中华石楠

▲ 枸骨

▲ 杨梅

▲ 胡颓子

▲ 檵木

▲ 珊瑚树

▲ 柑橘

■ 2. 落叶阔叶小乔木

落叶阔叶小乔木树种较多，以观花为主，也有一些具有观叶、观果价值。在园林中常用的有梅、美人梅、桃、碧桃、紫叶桃、帚形桃、李、紫叶李、樱桃、日本早樱、日本晚樱、垂丝海棠、西府海棠、湖北海棠、石榴、花石榴、紫薇、美国紫薇、木槿、鸡爪槭、红枫、日本红枫、日本黄栌、紫丁香、白丁香、无花果等。

落叶阔叶小乔木比常绿阔叶小乔木具有更多的观赏价值。在温带及北亚热带地区的果树大多数是落叶树，一般都会开花、结果，观赏内容丰富一些，可观叶、观花、观果、观树姿等，是比较理想的景观植物。

▲ 梅（春）

▲ 碧桃（春）

▲ 紫叶桃（夏）

▲ 帚形桃（春、夏）

▲ 桃（夏）

▲ 紫叶李（夏）

▲ 石榴（夏末）

▲ 鸡爪槭（秋）

▲ 红枫（春）

▲ 日本早樱（春）

▲ 日本晚樱（春）

▲ 紫薇（夏）

■ 3. 常绿针叶小乔木

常绿针叶小乔木树种不多，以观形、观叶为主，有些树种适合于修剪整形，通常被修整成球形、圆柱形或方柱形。在园林中常用的有日本五针松、黑松、龙柏、桧柏、金叶桧等。

▲ 日本五针松

▲ 黑松

▲ 龙柏

▲ 桧柏

■■ 1.1.3 灌木类植物

灌木类植物通常指低矮的丛生状木本植物，不具明显的主干，一般不能成材，也称为低木。小灌木高度一般不足1m，大灌木高度一般不超过3m。根据冬季是否落叶，灌木类植物主要分为常绿阔叶灌木和落叶阔叶灌木，但也有少量的常绿针叶灌木。

■ 1. 常绿阔叶灌木

常绿阔叶灌木的植物种类较多，树枝较落叶灌木坚硬，适合于修剪整形，通常被修整成球形或用作绿篱。在园林中常用的有杜鹃、茶梅、海桐、红花檵木、栀子花、小叶栀子花、火棘、金边胡颓子、夹竹桃、小蜡、金森女贞、花叶女贞、大叶黄杨、金边大叶黄杨、瓜子黄杨、雀舌黄杨、龟甲冬青、南天竹、金边六月雪、金叶大花六道木、十大功劳、阔叶十大功劳、湖北十大功劳、八角金盘、洒金桃叶珊瑚等。

▲ 茶梅

▲ 杜鹃（春鹃）

▲ 杜鹃（夏鹃）

▲ 金边大叶黄杨

▲ 红花檵木

▲ 金叶大花六道木

▲ 栀子花

▲ 小叶栀子花

▲ 金边六月雪

▲ 龟甲冬青

▲ 金边胡颓子

▲ 金森女贞

▲ 火棘

▲ 十大功劳

▲ 阔叶十大功劳

▲ 八角金盘

▲ 洒金桃叶珊瑚

▲ 海桐

▲ 小蜡

▲ 大叶黄杨

▲ 瓜子黄杨

▲ 南天竹

▲ 云南黄馨

▲ 夹竹桃

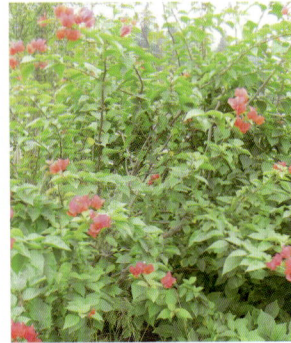
▲ 叶子花

■ 2. 落叶阔叶灌木

　　落叶阔叶灌木的种类也较多，姿态较为优美，花形、花色也多种多样。在园林中常用的有蜡梅、结香、迎春花、金钟花、锦带花、紫荆、贴梗海棠、棣棠、木绣球、榆叶梅、牡丹、绣球花、喷雪花、木芙蓉、金银木、黄刺玫、珍珠梅、单叶蔓荆、粉花绣线菊、小檗、紫叶小檗、金叶小檗等，是点缀广场、草坪以及衔接小乔木层的好材料。

▲ 迎春花

▲ 结香

▲ 木绣球

▲ 锦带花

▲ 贴梗海棠

▲ 棣棠

▲ 牡丹

▲ 绣球花

▲ 金钟花

▲ 喷雪花

▲ 木芙蓉

▲ 粉花绣线菊

▲ 单叶蔓荆

▲ 小檗

▲ 紫叶小檗

▲ 金叶小檗

▲ 蜡梅

▲ 紫荆

▲ 木槿

▲ 榆叶梅

■ 3. 常绿针叶灌木

常绿针叶灌木的种类不多，以观叶、观形为主，有的适合于修剪整形，通常被修剪成球形或用作绿篱、地被。在园林中常用的有铺地柏、铺地龙柏、铺地金叶桧、沙地柏、偃柏等。

▲ 铺地柏

▲ 铺地龙柏

▲ 铺地金叶桧

▲ 沙地柏

■ 1.1.4 藤本类植物

藤本类植物一般指不能直立生长，必须依附一定物体攀援生长的植物。藤本植物根据冬季是否落叶，可分为常绿藤本植物和落叶藤本植物。

■ 1. 常绿藤本植物

常绿藤本植物主要有络石、花叶络石、五彩络石、黄金锦络石、意大利络石、薜荔、常春藤、扶芳藤、金心扶芳藤、油麻藤、铁线莲、飘香藤、蔓长春花、花叶蔓长春花等。

▲ 花叶络石

▲ 五彩络石

▲ 黄金锦络石

▲ 金心扶芳藤

▲ 络石

▲ 薜荔

▲ 扶芳藤

▲ 常春藤

▲ 意大利络石

▲ 油麻藤

▲ 飘香藤

▲ 花叶蔓长春花

■ 2. 落叶藤本植物

在园林中常用的落叶藤本植物主要有紫藤、藤本月季、凌霄、爬山虎、鸡血藤、葛藤、葡萄、猕猴桃等。

▲ 紫藤

▲ 藤本月季

▲ 凌霄

▲ 鸡血藤

▲ 爬山虎

▲ 葛藤

▲ 葡萄

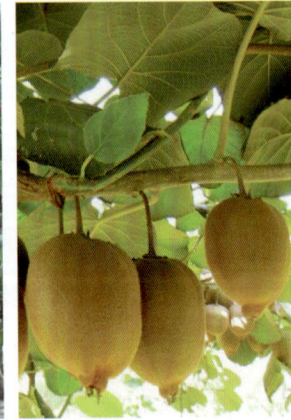
▲ 猕猴桃

藤本植物的攀援性是它的重要特征。人们利用这种攀援性，通过搭建不同的框架，就可使藤本植物的整体形状变化无穷，丰富了造景形式。

1.1.5 特型类植物

特型类植物主要是指棕榈科的植物，苏铁科、龙舌兰科的形态也比较特别，龙爪槐、龙爪枣、垂柳、垂枝榆、垂枝梅的形态也与正常的树木形态有所不同。这些特殊形态植物在园林造景中具有特殊的用处，能营造出特别的景观效果。

▲ 苏铁

▲ 加拿利海枣

▲ 棕榈

▲ 龙爪槐

▲ 凤尾兰

1.1.6 竹类植物

竹类植物属于禾本科，也是一类特殊形态的植物。有些竹类为散生乔木型，主竿粗壮直立，竿节分明，节间内空，如毛竹、刚竹、黄金间碧玉竹、紫竹等；也有一些丛生灌木型竹类，如茶秆竹、青皮竹、孝顺竹、凤尾竹、佛肚竹、阔叶箬竹、菲白竹、菲黄竹等。

竹类一直是我国文人墨客喜爱的植物，除了对它有"虚心、坚韧、高风亮节"性格特征的喜欢外，更主要的是竹类成片栽植给人们带来的洁净、清爽、宁静之感，具有独特的高雅之美。

▲ 毛竹

▲ 刚竹

▲ 紫竹

▲ 黄金间碧玉竹

▲ 龟甲竹

▲ 佛肚竹

▲ 青皮竹

▲ 茶杆竹

▲ 孝顺竹

▲ 凤尾竹

▲ 阔叶箬竹

▲ 菲白竹

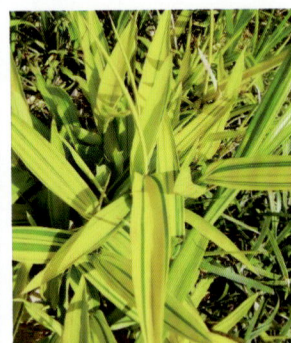

▲ 菲黄竹

1.1.7 水生类植物

　　水生类植物是指生长于水中或水边的植物。根据生长特性，水生类植物可分为挺水型、浮叶型、漂浮型和沉水型。在园林中常用的有荷花、睡莲、王莲、凤眼莲、田字萍、再力花、梭鱼草、千屈菜、香蒲、水葱、花叶水葱、慈菇、黄菖蒲、伞草、芦竹、花叶芦竹等。

　　水生植物的特性是生长在水中，漂浮或直立于水面上，为水面提供了很好的装饰效果，还具有净化水质的功能。水生植物无论是形态还是色彩，倒映在水面上皆十分美丽，不仅装扮了水面景色，更显现了水生植物独特的宁静之美。

▲ 荷花

▲ 荷花

▲ 睡莲

▲ 睡莲

▲ 王莲

▲ 凤眼莲（水胡芦）

▲ 田字萍

▲ 狐尾藻

▲ 再力花

▲ 千屈菜

▲ 黄菖蒲

▲ 旱伞草

▲ 梭鱼草

▲ 慈菇

▲ 香蒲（水烛）

▲ 花叶芦竹

1.1.8 地被类植物

　　地被类植物一般指低矮或匍匐接近地面生长的植物，以多年生草本植物为主，如沿阶草、吉祥草、葱兰、韭兰、红花酢浆草、紫鸭跖草等；也有一些匍匐的木本植物或藤本植物，如铺地柏、铺地龙柏、爬地卫矛、常春藤、金银花、花叶蔓长春等，也可以用作地被栽植。

　　地被类植物的功能为固定土壤、涵养水源、抑制灰尘的飞扬、减少暴雨冲刷后的地表径流，大片的地被植物还能对净化空气起到一定的作用。茂盛的大草坪像天然地毯，给环境增添了宽敞、宁静、明快、舒适之感。一些强健且耐践踏的草坪更受欢迎，如马尼拉草、百慕大草、狗牙根草、结缕草、地毯草等，是人们理想的休闲地。

▲ 沿阶草

▲ 吉祥草

▲ 阔叶麦冬

▲ 金边阔叶麦冬

▲ 葱兰

▲ 韭兰

▲ 白花三叶草

▲ 红花酢浆草

▲ 金银花

▲ 常春藤

▲ 蔓长春花

▲ 花叶蔓长春花

▲ 观赏番薯

▲ 紫鸭跖草

▲ 爬地卫矛

▲ 铺地柏

1.1.9 草花类植物

草花类植物的品种极其丰富，且花形、花色繁多，多姿多彩。草花拥有美丽灿烂和生动自然的姿色，是打造气氛的天使，十分妩媚而动人。人们喜爱在逢年过节或是喜庆之日用花卉类植物装饰环境。

草花类植物属于草本植物，根据生长特性，可分为一年生花卉、二年生花卉和多年生花卉（包括宿根花卉、球根花卉）。

1. 一年生花卉

一年生花卉是指早春播种，经萌芽生长，夏秋季开花，秋季种籽成熟，到冬季植株枯死而生命结束，整个生长周期在当年完成。如万寿菊、孔雀草、百日菊、皇帝菊、波斯菊、凤仙花、鸡冠花、凤尾鸡冠花、千日红、醉蝶花、大花马齿苋、向日葵等。

▲ 万寿菊

▲ 孔雀草

▲ 皇帝菊

▲ 百日菊

▲ 凤仙花

▲ 醉蝶花

▲ 千日红

▲ 矮牵牛

▲ 夏堇

▲ 大花马齿苋

▲ 鸡冠花

▲ 凤尾鸡冠花

■ 2. 二年生花卉

二年生花卉是指秋季播种，经过短期的低温(0~10℃)春化阶段促进发芽分化，于翌年春季开花，夏秋季结籽，之后植株自然衰亡，整个生长周期是跨年度完成的。如雏菊、白晶菊、三色堇、蛾蝶花、紫罗兰、风铃草、毛地黄、羽扇豆、诸葛菜、羽衣甘蓝等。

▲ 金盏菊

▲ 雏菊

▲ 白晶菊

▲ 勋章菊

▲ 三色堇

▲ 金鱼草

▲ 紫罗兰

▲ 蛾蝶花

▲ 风铃草

▲ 羽扇豆

▲ 毛地黄

▲ 羽衣甘蓝

■ 3. 宿根花卉

宿根花卉属于多年生草本植物。大部分宿根花卉的植株当年开花之后，地上部分（茎、叶）冬季枯死，地下部分进入休眠状态宿存越冬，翌年春季仍能萌芽生长开花，生命能延续多年。如菊花、芍药、鸢尾、玉簪、萱草、大花金鸡菊、蜀葵、紫露草等。部分宿根花卉的植株是常绿的，如沿阶草、吉祥草、阔叶麦冬、兰花三七、大吴风草等。

▲ 菊花

▲ 芍药

▲ 萱草

▲ 紫萼玉簪

▲ 鸢尾

▲ 天人菊

▲ 松果菊

▲ 大花金鸡菊

▲ 大花飞燕草

▲ 荷包牡丹

▲ 宿根福禄考

▲ 石竹

▲ 蜀葵

▲ 紫露草

▲ 白花三叶草

▲ 美人蕉

■ 4. 球根花卉

　　球根花卉也属于多年生草本植物。大部分球根花卉的植株当年开花之后，地上部分（茎、叶）冬季枯死，地下部分（根或茎变态而膨大成肥大的球状或块状）进入休眠状态宿存越冬，翌年春季仍能萌芽生长开花，生命能延续多年。根据其地下部分变态的不同，分为球茎类、鳞茎类、块茎类、根茎类、块根类。如水仙、郁金香、风信子、大丽菊、香雪兰、百合、朱顶红、石蒜、百子莲、葱兰、韭兰、红花酢浆草等。部分球根花卉的植株是常绿的，如葱兰、韭兰、红花酢浆草等。

▲ 大丽菊

▲ 郁金香

▲ 石蒜

▲ 花毛茛

▲ 百子莲

▲ 葱兰

▲ 韭兰

▲ 红花酢浆草

▲ 水仙

▲ 风信子

▲ 百合

▲ 朱顶红

🌿 1.2 按植物观赏特性分类

园林植物按照观赏特性分类，大体可分为形木类植物、叶木类植物、花木类植物、果木类植物和芳香类植物。

1.2.1 形木类植物

在园林植物中各类型植物的形态差异显著，有些植物的形态优美，具有较高的观赏价值。树形是由树干和树枝的伸展结合形成的自然形态。一般针叶树的形态以尖塔形为主，其老树形态或有变化，呈卵圆形或苍虬形；阔叶乔木的形态主要有广卵形、卵圆形、伞形、圆球形、圆柱形；阔叶灌木的形态主要有球形、半球形、丛生形、拱枝形；此外，还有特殊的棕榈形、垂枝形、龙爪形、芭蕉形以及人工扭曲成形（各类造型的盆景）等。

形木类植物以观形为主，尖塔形的针叶树可列植作行道树，也可丛植、群植、林植构成景观；广卵形的阔叶乔木可孤植作庭荫树，也可列植作行道树；球形的阔叶灌木可孤植点缀，也可丛植组合成景。特殊形态的垂枝形树木适宜孤植或列植于水边，形成水中倒影；龙爪形树木可孤植观赏，也可对植于大门两侧及园路入口；棕榈形、芭蕉形植物适宜于丛植、群植，在亚热带地区也能展现南国风光；人工扭曲成形的植物适宜于盆栽观赏或重要景点的点缀。

▲ 尖塔形——水杉

▲ 卵圆形——桂花

▲ 圆柱形——红叶石楠

▲ 丛生形——蜡梅（冬）

▲ 棕榈形——加拿利海枣

▲ 垂枝形——垂柳

▲ 芭蕉形——芭蕉

▲ 龙爪形——龙爪槐（冬）

1.2.2 叶木类植物

以观赏叶形叶色为主的树木称为叶木树。观赏叶色除了叶的花纹、秋叶色彩以外，有些植物的新叶也具有观赏价值，如红叶石楠、山麻杆的新叶是红色的，罗汉松的新叶是粉绿色的。秋季树叶有观赏价值的常见树种有银杏、枫香、乌桕、鸡爪槭、元宝枫、鹅掌楸、榉树、七叶树、黄连木等。终年可以欣赏的斑纹花叶树种有金边大叶黄杨、金边胡颓子、花叶女贞、洒金东瀛珊瑚、银姬小蜡、小丑火棘、菲白竹、花叶络石、五彩络石等。叶形比较特殊的树种有马褂木、构树、枫香、柊树、合欢、鸡爪槭、红枫、羽毛枫等。

叶木树以观叶为主，可孤植也可群栽，要看树木的形态、大小以及栽植空间的大小确定适当的配置方式。庭园空间小可以点栽，空旷地带可群栽，这样树木的观赏特点比较集中，观叶效果更好，色彩气氛浓烈，视觉开阔醒目。

■ 1. 春季观叶植物

春季观叶植物的主要特征为春季新叶呈红色、暗红色或金黄色，到了夏季叶色渐渐变浅或转为绿色。如红枫、日本红枫、红叶石楠、红叶茶梅、乐东拟单性木兰、香椿、罗城石楠、火焰南天竹、山麻杆、金叶女贞、金森女贞、洒金千头柏等。

▲ 红枫

▲ 日本红枫

▲ 红叶石楠

▲ 红叶茶梅

▲ 乐东拟单性木兰

▲ 香樟

▲ 红羽毛枫

▲ 火焰南天竹

▲ 山麻杆

▲ 金叶女贞

▲ 金森女贞

▲ 洒金千头柏

■ 2. 秋季观叶植物

秋季观叶植物的主要特征为春夏季的叶色是正常的绿色，到了深秋季节历经寒风霜雪，叶色渐渐变成黄色、橙黄色、金黄色或红色、橙红色、紫红色。秋季观叶植物主要是落叶树种，但也有少数常绿树种到了秋冬季或春季换叶时其老叶呈现红色或暗红色，如杜英、香樟等；还有少量常绿树种到了秋冬季全株叶色转为红色或暗红色，到了春季又全株转为正常的绿色，如香港四照花、南天竹、火焰南天竹、小丑火棘等。

▲ 金钱松

▲ 水杉

▲ 池杉

▲ 落羽杉

▲ 枫香

▲ 北美枫香

▲ 乌桕

▲ 秀丽槭

▲ 三角枫

▲ 鸡爪槭

▲ 日本黄栌

▲ 杂交马褂木

▲ 银杏

▲ 无患子

▲ 元宝枫

▲ 珊瑚朴

▲ 悬铃木

▲ 意大利杨

▲ 二乔玉兰

▲ 紫薇

▲ 蜡梅

▲ 肥皂荚

▲ 白桦

▲ 洋白蜡

■ 3. 常态观叶植物

常态观叶植物具体分为两大类型：一类是落叶树种，春夏秋三季的叶色基本不变或变化较小，冬季落叶；另一类是常绿树种，其叶色具有较高的观赏价值，且四季基本不变或变化不大。

▲ 紫叶李

▲ 紫叶小檗

▲ 红花檵木

▲ 小丑火棘（冬）

▲ 小丑火棘（秋）

▲ 小丑火棘（春、夏）

▲ 银姬小蜡

▲ 金叶大花六道木

▲ 黄金茶

▲ 金叶钝齿冬青

▲ 金叶小檗

▲ 金边大叶黄杨

▲ 银边大叶黄杨

▲ 金心大叶黄杨

▲ 金边扶芳藤

▲ 银边扶芳藤

▲ 金心扶芳藤

▲ 金边胡颓子

▲ 金心胡颓子

▲ 金叶枸骨

▲ 金枝槐

▲ 金边六月雪

▲ 洒金桃叶珊瑚

▲ 花叶栀子

▲ 菲白竹

▲ 菲黄竹

▲ 洒金千头柏

▲ 铺地金叶桧

▲ 花叶蔓长春花

▲ 花叶络石

▲ 黄金锦络石

▲ 五彩络石

■■ 1.2.3 花木类植物

木本植物中，花形美丽，花色灿烂，花期较长，具有较高观赏价值的乔木或灌木均为花木树。一般来说，树木为传宗接代都能开花，但有的树开花很小、不显眼，几乎不被人们发现，因此不能称为花木树。花木树的花朵具有较高的观赏价值，如蜡梅、结香、梅花、迎春花、白玉兰、紫玉兰、紫荆、樱花、茶花、杜鹃、丁香、琼花、木绣球、紫薇、木槿、夹竹桃、泡桐、合欢、银荆树、四照花、槐树、栾树、连翘、金雀花、绣线菊、海棠、棣棠、绣球花、月季、玫瑰、牡丹、紫藤、蔷薇、木香、凌霄花等。

花木树可孤植，也可群栽。孤植一般在小庭院内比较合适；在公共环境里，如广场绿地、公园等较空旷的地带群植比较容易出景观效果。成片的花木会形成不同的色彩气氛，在鲜花盛开时，一定会引来众多的观赏人群。如日本有赏樱花的节日，因而大城市中的大小公园、广场都有成片栽植樱花林的风景，为市民观赏樱花提供方便。我国有赏梅花的习惯，因而会在风景旅游区内栽植成片的梅花，如南京中山陵梅花山，每年都有上百万人前去观赏。这都是单品种花木成片栽植起到的特殊效果。在花木盛开时自然美达到了顶峰，无人不被那盛开的花景吸引而感动。花木风景林的自然美使人们流连忘返，情不自禁地与自然的美丽合影留念，这就是花木风景的巨大魅力。

■ 1. 春季观花植物

我国幅员辽阔，南北气候差异很大。根据华东地区的气温变化规律，将每年3至5月定为春季。春季观花植物就是指每年3至5月开花的植物，其中有少数是从冬季开花延续下来的，也有少量植物的花期从春末延续到夏季。春季气候适宜，开花的植物很多，春暖花开、春花烂漫、春色满园、春意盎然就是对春季植物景观的真实写照。

▲ 梅花（2~3月）

▲ 迎春花（2~3月）

▲ 檫木（2~3月）

▲ 白玉兰（2~3月）

▲ 山茶花（2~3月）

▲ 桃花（3月）

▲ 紫叶桃（3月）

▲ 碧桃（3月）

▲ 云南黄馨（3~4月）

▲ 棣棠（3~4月）

▲ 金钟花（3~4月）

▲ 海仙花（3~4月）

▲ 二乔玉兰（3月）

▲ 红运二乔玉兰（3月）

▲ 日本早樱（3~4月）

▲ 黄玉兰（3~4月）

▲ 垂丝海棠（3~4月）

▲ 贴梗海棠（3~4月）

▲ 紫玉兰（3~4月）

▲ 白丁香（3~4月）

▲ 红花木莲（3~4月）

▲ 红花檵木（3~4月）

▲ 梨树（3~4月）

▲ 日本晚樱（4~5月）

▲ 春鹃（4~5月）

▲ 含笑（4~5月）

▲ 乐昌含笑（4~5月）

▲ 牡丹（4~5月）

▲ 夏鹃（5~6月）

▲ 金银花（5~6月）

▲ 绣球花（5~6月）

▲ 石榴（5~6月）

▲ 刺桐（5~6月）

▲ 菲吉果（5~6月）

▲ 海滨木槿（5~6月）

▲ 金丝桃（5~6月）

■ 2. 夏季观花植物

　　根据华东地区的气温变化规律，将每年6月至8月定为夏季。夏季观花植物就是指每年6月至8月开花的植物，其中有少数是从春末开花延续下来的，也有少量植物的花期从夏季延续到秋初，如夹竹桃、木槿、紫薇、凌霄等。夏季高温酷暑，大气环境不佳，开花的植物种类不多，主要是水生植物及少量耐干旱性很强的植物。

   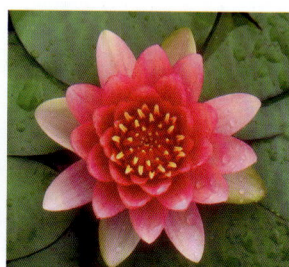

▲ 夹竹桃（5~10月）　▲ 合欢（5~9月）　▲ 荷花（6~8月）　▲ 睡莲（6~8月）

▲ 紫薇（6~9月）　▲ 木槿（6~9月）　▲ 凌霄（6~9月）　▲ 美人蕉（5~9月）

■ 3. 秋季观花植物

　　根据华东地区的气温变化规律，将每年9月至11月定为秋季。秋季观花植物就是指每年9至11月开花的植物，其中有少数是从夏季开花延续下来的，如夹竹桃、木槿、紫薇等；也有少量植物的花期从秋末延续到冬初，如茶梅、伞房决明等。秋季气候转凉，且大气干燥，开花的植物种类也不多，主要是少量适应性较强的植物。

   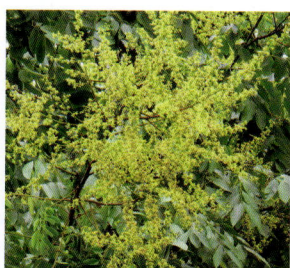

▲ 夹竹桃（5~10月）　▲ 木槿（6~9月）　▲ 紫薇（6~9月）　▲ 栾树（8~9月）

▲ 金桂（9~10月）　▲ 丹桂（9~10月）　▲ 木芙蓉（9~10月）　▲ 伞房决明（10~11月）

■ 4. 冬季观花植物

　　根据华东地区的气温变化规律，将每年12月至翌年2月定为冬季。冬季观花植物就是指每年12月至翌年2月开花的植物，其中有少数是从秋末开花延续下来的，也有少量植物的花期从冬末延续到春初，如茶梅、蜡梅、结香、美人茶等。冬季气候寒冷，开花的植物品种更少，主要是少数耐寒性很强的植物。

▲ 茶梅（11月至翌年2月）

▲ 枇杷（12月至翌年1月）

▲ 蜡梅（12月至翌年2月）

▲ 结香（1~3月）

▲ 美人茶（1~3月）

▲ 红花油茶（1~3月）

▲ 梅花（2~3月）

▲ 迎春花（2~3月）

▲ 檫木（2~3月）

▲ 山茶花（2~3月）

▲ 金叶六道木（春末至冬初）

▲ 月季（春至冬初）

■ 5. 多季观花植物

　　多季观花植物是指有些植物的花期很长，连续开花时间跨越两个季节甚至三个季节。如茶梅的花期从秋季一直延续到翌年春季；蜡梅、结香、美人茶的花期从冬末延续到春初；夹竹桃、合欢的花期从春末延续到秋初；木槿、紫薇、凌霄的花期从夏季延续到秋初；月季、大花六道木、金叶大花六道木的花期特别长，从春季一直延续到冬初。

■■ 1.2.4 果木类植物

　　一般对果实有观赏价值的树木称为果木。有些果木的开花期也具有一定的观赏价值，果实不仅美丽可爱，还可以食用。如桃、梨、杏、李、枣、柿、枇杷、杨梅、柚子、柑橘、金桔、石榴、樱桃、山楂、柠檬、无花果等。随着我国旅游业的发展，一些乡村开辟了旅游加采摘水果的活动项目，供大众参与，以此丰富旅游内容。这类旅游内容不仅让游客观赏到满树果实累累的美丽景观，亲自体会到采摘果实的乐趣，还能品尝到果实的香甜。

　　果木风景林具有花木风景林的观赏特点，因为大多数果木结果前都有开花期，花朵也比较美观。果木树在庭院中的配置一般以点栽为主，可观花、观果、食果，能丰富庭园的观赏内容。

果木树也是鸟类喜爱的树木。如果想把花园变得鸟语花香，我们可以选择栽植一些鸟类喜食的果木树，如樱桃、桑树、荚蒾、珊瑚树、海棠等，以引诱鸟类光顾。还可以放些人工制造好的鸟窝，吸引小鸟来花园内驻足停留，以此增添花园的热闹气氛。

■ 1. 春末至夏观果植物

根据华东地区的气温变化规律，将每年5至7月定为春末至夏。春末至夏观果植物是指冬末或春初开花，春末或夏初果实成熟，且果色具有一定的观赏价值。如樱桃、桃子、杨梅、枇杷、李子、杏子、梨子、桑果等。

▲ 樱桃（5月）

▲ 桃子（5-6月）

▲ 杨梅（6月）

▲ 枇杷（6月）

▲ 李子（6-7月）

▲ 杏子（6-7月）

▲ 梨子（6-7月）

▲ 桑果（6月）

■ 2. 夏末至秋观果植物

根据华东地区的气温变化规律，将每年8月定为夏末，9-11月为秋季。夏末至秋观果植物是指春季开花，夏末至秋果实成熟，且果色具有一定的观赏价值。如枣子、石榴、柑橘、柚子、柿子、银杏、四照花、金银木等。

▲ 枣子（8月）

▲ 石榴（8-9月）

▲ 柑橘（9-10月）

▲ 柚子（10月至翌年2月）

▲ 柿子（10-11月）

▲ 银杏（10-11月）

▲ 四照花（9-10月）

▲ 金银木（9-10月）

■ 3. 秋末至冬观果植物

根据华东地区的气温变化规律，将每年11月定为秋末季节。秋末至冬观果植物是指春季或初夏开花，果实深秋季成熟，且果色鲜艳（红色或金黄色），经冬不落，观赏期很长。如枸骨、无刺枸骨、火棘、南天竹、柚子、金桔、冬青、洒金桃叶珊瑚等。

▲ 枸骨

▲ 无刺枸骨

▲ 火棘

▲ 南天竹

▲ 柚子

▲ 金桔

▲ 冬青

▲ 洒金桃叶珊瑚

■ 1.2.5 芳香类植物

芳香类植物一般都是花木，开花期间能散发出独特的芳香气味。如蜡梅、结香、桂花、白兰花、含笑、九里香、金边瑞香、栀子花、小叶栀子花、米兰、茉莉花等。

芳香类植物成片栽植效果比较好，香味较为集中。如果想追求清淡的花香，可用散点的方式穿插栽植，这种分散布局可减弱植物浓香过于集中的现象。当然，具体情况具体对待，有的植物花香比较清淡，贴近时才能闻到；有的花香很浓，远处就能闻到。我们可以把清淡的花香植物集中栽植，让它们在空气中飘香，把浓香的植物作点缀栽植。这需要我们对各种植物花香的浓淡度有所了解，才能配置好景观植物，有效地发挥各种芳香植物的个性和特色。

▲ 桂花

▲ 含笑

▲ 栀子花

▲ 小叶栀子花

▲ 蜡梅

▲ 结香

▲ 金边瑞香

▲ 茉莉花

🌿 1.3 按植物景观用途分类

园林植物按照景观用途分类，大体可分为庭荫树、行道树、园景树、绿篱植物、攀援植物和特殊用途植物等。

■■ 1.3.1 庭荫树

庭荫树主要是乔木类树种，一般指树冠庞大、树叶分布较密、可遮阳成荫的高大树木，包括常绿乔木和落叶乔木。如香樟、银杏、悬铃木、梧桐、鹅掌楸、合欢、槐树、毛白杨、枫杨、枫香、栾树、朴树、榆树、榉树、元宝枫、乌桕、七叶树、银荆树、臭椿、苦槠、青栲、石栎等。

庭荫树具有遮阳的作用，在街道、小区、广场景观营造中运用较多。有效地发挥植物的功能与作用，是我们园林工作者坚持"以人为本"的基本原则。如在一些公共环境中选择落叶遮荫树与公共座椅相结合的栽植方式，人们坐在公共座椅上夏季能遮阳、冬季能晒太阳，这样不仅发挥了落叶遮荫树的特点，同时也体现了人性化。

▲ 香樟

▲ 榕树

▲ 悬铃木

▲ 无患子

▲ 七叶树

■■ 1.3.2 行道树

行道树是沿街道或人行道整齐排列栽植的树木，主要功能是划分快慢车道、人行道的行走空间，起导向作用。行道树虽然也有遮阳的要求，但也有自身的要求和布局特点。行道树一般有两种配置类型：实用型与装饰型。

实用型行道树一般指能成荫的树种，树冠大可遮阳成荫，尤其在夏天树下可感到成荫的清凉舒畅。如香樟、银杏、悬铃木、梧桐、枫香、合欢、无患子、槐树、栾树、黄山栾树、榆树、榉树、朴树、珊瑚朴、乌桕、七叶树等。

装饰型行道树主要是为了装饰美化城市和街道。一般选用装饰效果较强的树木，如以叶形叶色、花形花色、树形树干为特征的树木。装饰型行道树有乔木也有灌木，花木用在步道为多。常用的树种有雪松、龙柏、水杉、鹅掌楸、杜英、紫叶李、日本晚樱、龙爪槐、花石榴、红叶石楠、海桐、金边大叶黄杨、红花檵木等。

▲ 香樟

▲ 银杏

▲ 悬铃木

▲ 榉树

▲ 黄山栾树

在行道树的选择上，要避免选择果树类树种。因为果实成熟时会有过路人采摘或拾取脱落的果实，因而会影响交通安全，引发交通事故，存有很大的交通隐患。此外，街道、公路边的行道树的果实长期被汽车尾气污染，不宜食用，否则有害于人们的健康。

1.3.3 园景树

▲ 柚子

园景树即庭园中常用的景观树木，一般指观赏部位较多、观赏价值较高的树木。花木与果木均为庭园中的常用树种。观赏部位较多的树种有栾树（花与果）、紫薇（花、叶与树干）、枸骨（叶与果）、红叶石楠（新叶与花）、火棘（花与果）、红花檵木（叶与花）、洒金桃叶珊瑚（叶与果）、南天竹（叶与果）等。

针叶树一般管理简单，耐旱耐贫瘠，色彩及树形都比较特殊，是西方人喜爱和常用的庭园树种。近年来受西方文化的影响，人们也把针叶树纳入了庭园树中，如雪松、侧柏、龙柏、晒金柏、铺地柏等。

▲ 栾树

▲ 柿树

▲ 石榴

▲ 枣树

1.3.4 绿篱植物

绿篱植物一般是指耐修剪的植物，树冠上下较均匀，适合排列密植，形成绿篱。绿篱的主要作用是分隔空间，也可起导向作用。

绿篱按照植物观赏特性，可分为彩叶篱、花篱、果篱、枝篱、刺篱等。按照绿篱的成因，可分为自然式和整形式，前者一般只需施加少量的调节生长势的修剪，后者则需要定期进行整形修剪，以保持整齐的几何形体，如形成墙体一样的外观。

绿篱常用的植物以灌木为主，也有少量的小乔木。灌木主要有海桐、小蜡、大叶黄杨、金边大叶黄杨、火棘、金叶女贞、金森女贞、大花六道木、十大功劳、六月雪等。小乔木主要有椤木石楠、红叶石楠、珊瑚树、山茶花、柃木等。绿篱应该选择发枝力强、愈伤力强、耐修剪、病虫害少等习性的小乔木或灌木型常绿植物。一般落叶灌木不太适宜作绿篱使用。

常绿针叶树比较适合做绿篱，因为紧密的针叶具有针刺感（老的针叶坚硬刺人），可作防范之用，但不宜在小学和幼儿园内栽植，易刺伤幼儿的手，存在不安全因素，因此在造景时应当特别留意。

常绿阔叶树种类较多，具有不同的视觉效果。花篱，有花色、花期的不同，还有花的大小、形状、香味等差异；果篱，除了果实有大小、形状、色彩的不同外，还可引来鸟雀的光顾。总之，栽植绿篱要根据景观的实际需要，不能凭主观想象决定。

▲ 珊瑚树

▲ 椤木石楠

▲ 红叶石楠

▲ 金边大叶黄杨

▲ 金叶女贞

▲ 小蜡

▲ 红花檵木

▲ 杜鹃（夏鹃）

1.3.5 攀援植物

攀援植物是指茎蔓细长，不能直立生长，需攀附支持物向上生长的植物。在园林造景中主要用于垂直绿化，可植于墙面、拱门、棚架、山石等旁边，让其攀援生长，形成各种立体的绿化效果。常用的攀援植物有爬山虎、络石、薜荔、紫藤、凌霄、油麻藤、常春藤等。

▲ 爬山虎

▲ 络石

▲ 薜荔

▲ 凌霄

1.3.6 特殊用途植物

特殊用途植物一般是可以长大成材的树种，如建校纪念、建厂纪念、名人种植纪念等，以树木见证，作为建立单位后的历史纪念。如雪松、黑松、香樟、女贞、银杏、榉树、榆树、朴树、槐树、榕树、冬青、广玉兰等。一些有条件的家庭也会于孩子出生日，在院子里栽植一棵纪念树作纪念，让孩子随着树木的生长而成长。这种个人纪念树一般是根据家长的喜好来选择的，比如桂花树就是人们常用作出生纪念的树。桂花树虽然不是大乔木，成长不会太高，但出于吉祥之意——"桂"的谐音，而称作"贵子"。再如柿子树"事事如意"，也有吉祥之意，因此赢得了人们的喜爱，传承至今。私家庭院尤其喜爱栽植柿子树，也为讨个好口彩和图个吉利。个人纪念树的树种很多，一般是因人而异，各取所爱，并没有太多的规定和讲究。

1.4 按植物栽培方式分类

园林植物按栽培方式，可分为露地栽培植物和温室栽培植物两大类。

1.4.1 露地栽培植物

露地栽培植物是指适应性强，能在当地自然气候环境下安全越冬的植物。这类植物大部分为直接露地栽植于土壤中，也有少量采用容器栽培。

1. 露地栽植

在前面植物分类中提及的大多是适宜于露地土中栽植的植物，在此不再重复叙述。

2. 容器栽培

在传统园林中，盆景就是容器栽培的典型方式。盆景常用于专类园（盆景园）的布景或园林景观重要景点的点缀。现代园林为了反季节施工的需要，常采用简便的容器栽培大树，在移植时可减少大树根系的损伤，能大大提高大树移栽的成活率。

▲ 观形树桩盆景

▲ 观花树桩盆景

▲ 水旱式盆景

▲ 丛林式盆景

▲ 观果树桩盆景

▲ 日本五针松盆栽

▲ 盆栽景点点缀

▲ 盆景专类园

▲ 黑松简易容器栽培

▲ 造型罗汉松砖垒容器栽培

▲ 鸡爪槭简易容器栽培

▲ 紫薇简易容器栽培

■■■1.4.2 温室栽培植物

　　温室栽培植物是指耐寒性不强，不能在当地室外环境下安全越冬的植物。这类植物大部分来自南方地区，引种于北方地区时，冬季需要在温室内培育过冬。根据观赏特性，具体可分为室内观叶植物、室内观花植物、室内观果植物等。

■ 1. 室内观叶植物

　　室内观叶植物主要品种如下列图片所示。

▲ 散尾葵

▲ 鱼尾葵

▲ 榕树

▲ 橡皮树

▲ 棕竹

▲ 巴西铁

▲ 马拉巴栗

▲ 花叶绿萝

▲ 花叶鹅掌柴

▲ 变叶木

▲ 海芋

▲ 朱蕉

▲ 龟背竹

▲ 孔雀竹芋

▲ 紫背竹芋

▲ 花叶芋

▲ 常春藤

▲ 花叶万年青

▲ 文竹

▲ 肾蕨

▲ 南洋杉

▲ 澳洲杉

▲ 龙血树

▲ 金边虎皮兰

▲ 金边龙舌兰

2. 室内观花植物

室内观花植物主要品种如下列图片所示。

▲ 报春花

▲ 瓜叶菊

▲ 仙客来

▲ 风信子

▲ 水仙

▲ 君子兰

▲ 大花蕙兰

▲ 文心兰

▲ 石斛兰

▲ 蝴蝶兰

▲ 蟹爪兰

▲ 凤梨

▲ 红掌

▲ 百合花

▲ 郁金香

▲ 天竺葵

▲ 康乃馨

▲ 白鹤芋

▲ 西洋杜鹃

▲ 金边瑞香

▲ 茉莉花

▲ 米兰

▲ 叶子花

▲ 白兰花

▲ 扶桑

3. 室内观果植物

室内观果植物主要品种如下列图片所示。

▲ 金桔

▲ 佛手

▲ 柠檬

▲ 乳茄（黄金果）

▲ 朱砂根（富贵子）

02

园林植物的属性与作用

园林植物的属性包含自然属性和文化属性，是植物造景的基本素材。人们欣赏生动的植物景观，是审美的想象和情感的和谐活动，是生理的审美感知引发到心理的触动作用。对园林植物景观而言，视觉、嗅觉和触觉的感观在园林艺术美中起着主导性作用。我们在熟悉各种植物形态特征和生态习性的基础上，要充分发挥植物的自然表观之美和文化意境之美，使各种植物的属性和作用在植物景观中能够得到充分展现，以达到植物景观营造的最佳效果。

2.1 植物的自然属性

　　植物具有自然的观赏价值，因而深受人们的喜爱。植物的观赏价值往往是来自植物本身的形态特征和自然之美。植物的自然美比较特殊，它是在植物成长过程中产生的变化之美。以落叶树木为例，春季是落叶树树枝吐绿芽、长新叶、开花的季节；夏季是落叶树树叶浓绿茂盛的季节，有的树种也是开花的季节；秋季是落叶树树叶由绿变黄或变红的季节，有的落叶树还结果实；冬季是落叶树落叶只剩枝干裸树的季节。落叶树的自然特色是一年四季周期性的循环往复，随着季节的变化，观赏部位也随之发生变化。我们只有充分了解众多植物的个性审美特征，才能更好地选择满意的植物景观营造方案。

2.1.1 干形干色

　　乔木、小乔木的干形干色丰富多样，是植物造景不可忽略的因素。在植物景观的构图和布局中，植物树干形态影响着统一性和多样性。不同形态的植物给人以不同的感觉，或高耸入云，或苍穹飞舞，或平和，或悠然等。不同树干姿态的树种与不同地形、建筑、水体、山石相配植，则景色万千。尤其是想突出表现某植物特征时，用孤植或群植的方式可以明显地突出植物树干的美感特征。

▲ 曲干式（马尾松）

1. 干形

　　树木主干的生长姿态形成了独特的具有观赏价值的干形。主要树干形态有直干式、斜干式、曲干式、双干式、三干式、五干式、丛干式、悬崖式等。

   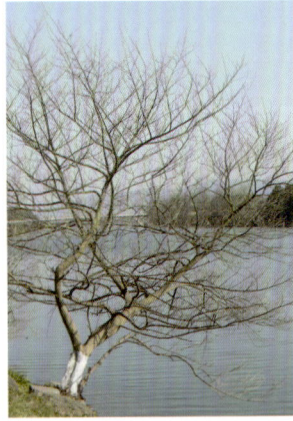

▲ 双干式（银杏）　　▲ 三干式（枫杨）　　▲ 丛干式（银杏）　　▲ 斜干式（枫杨）

2. 干色

　　除了树干的形态具有观赏价值之外，树干上树皮的花纹与色彩也有一定的观赏价值。如白桦树干的结巴有点像人的眼睛，如果利用这一特征群植一片白桦树林，顿时白桦树干的特色就显现出来了；小森林中像有千万只眼睛在看着你，很有趣味也很有植物景观特色。此外，具有观赏价值的树干还有粉白色的白皮松树干、斑斓美观的榔榆树干、光洁滑溜的紫薇树干、带针刺成团的皂荚树干等，各有特色，都具有一定的观赏价值。

▲ 白桦树干结巴像眼睛

▲ 白皮松树干斑驳似虎皮

▲ 樱桃树干皮孔像小嘴巴

▲ 紫薇树干光洁滑溜

▲ 红瑞木

▲ 金枝槐

▲ 金镶玉竹

▲ 紫竹

　　不同的树干树枝形态激发不同的心理感受。人类对植物的情感具有倾向性，这种倾向性在植物生长的高、宽、深三维空间的延伸中得以体现，进而对植物的形态加以感情化。挺拔向上树木的生长气势引导观赏者的视线直达天空，突出空间的垂直面，强调了群体与空间的垂直感和高度感，并使人产生一种超越空间的幻觉。若与低矮植物交互造景，对比强烈，最易成为视觉中心。此外，挺拔向上类植物宜用于表达严肃、安静、庄严气氛的空间，如陵园、墓地等纪念性空间。

　　一般水平式展开的植物类型能产生平和、舒展、恒定的积极表情，在空间上水平展开植物可以增加景观的宽广度，使植物产生外延的动势，并引导视线前进。因此，其应与垂直类植物共用，以产生纵横发展的极差。另外，此类植物常形成平面效果，故而宜与地形的变化之势结合，或用作建筑物的遮掩等。

在植物造景具体应用植物形态时还应注意以下几点：

　　（1）植物树干树枝形态随季节及年龄的变化而有较大的不确定性。在造景选择树苗时应抓住其最佳景观效果的形态作最优先考虑。

　　（2）园林景观以植物形态为构图中心时，注意把握人对不同形态植物的重量感的感受。一般经修剪成规则形状的植物，在感觉上显得重，具有浓重的人工气息；而自然生长的植物感觉较轻，给人以放松、自由的意境。

　　（3）要注意单株与群体之间的关系，群体的效果会掩盖单体的独特景象。如欲表现单体，应避免同类植物或同形态植物的群植。

　　（4）太多不同形态的植物配植在一起，给人以杂乱无章之感，而具有相似形态的不同种类植物组合在一起，既有变化又显得统一。

　　（5）各种树干形态的美化效果并非机械不变的，它常依配植的方式及周围景物的影响而有不同程度的变化。如在灌木方面，呈拱枝形丛生的，用在树群的外缘，有相似、浑实感；用在自然山石旁，则多有潇洒的意境。

■■ 2.1.2 叶形叶色 --

　　叶形叶色的美丽也是植物造景的重要因素。植物叶片的形状千姿百态，有针形、锥形、鳞形、条形、圆形、卵圆形、椭圆形、鸡心形、披针形、三角形、五角形、掌状裂、羽状裂、掌状复叶、羽状复叶、三出复叶等；落叶树的叶色还会随着季节的变化而发生变化。利用植物叶形叶色的巧妙搭配也能形成植物景观的一大特色，提高植物景观的观赏价值。众所周知，加拿大是以观赏枫叶而著名的国家，秋天的枫叶漫山遍野，万紫千红，黄、绿、红色彩的交相辉映，色彩丰富极了，美丽场景深深印在人们的心里，难以忘却，这就是植物景观的魅力所在。无论哪个国家、哪个地区，只要那里的植物景观有四季变换，那里的人们就有秋季赏叶的习惯，这说明人类的天性就有欣赏植物美的喜好。

■ 1. 叶形

　　植物的叶是植物进行光合作用、水分蒸腾及气体交换的主要器官，同时叶形和叶色也具有一定的观赏价值。叶一般由叶片、叶柄和托叶三部分组成。根据一个叶柄上的叶片数量，叶分为单叶（一个叶柄上只生一张叶片）和复叶（一个叶柄上着生两张及多张叶片）。

　　叶形即是叶片的形状，是以叶片的长宽比和最宽处的位置来决定的。单叶的叶片形状有针形、锥形、鳞形、条形、椭圆形、长椭圆形、披针形、倒披针形、矩圆形、圆形、卵形、倒卵形、阔卵形、倒阔卵形、心形、扇形、马褂形、匙形、肾形、菱形、三角形、盾形、剑形、箭形以及复合叶形（卵状披针形、三角状卵形）等。

▲ 针形叶（湿地松）　　▲ 锥形叶（柳杉）　　▲ 鳞形叶（龙柏）　　▲ 条形叶（落羽杉）

▲ 椭圆形叶（红叶石楠）　　▲ 长椭圆形叶（石楠）　　▲ 卵形叶（女贞）　　▲ 倒卵形叶（海桐）

▲ 阔卵形叶（梓树）　　▲ 倒阔卵形叶（白玉兰）　　▲ 披针形叶（紫叶桃）　　▲ 倒披针形叶（乳源木莲）

▲ 扇形叶（银杏）

▲ 心形叶（紫荆）

▲ 近心形叶（乌桕）

▲ 马褂形叶（杂交马褂木）

▲ 匙形叶（小檗）

▲ 剑形叶（凤尾兰）

▲ 圆形叶（王莲）

▲ 波圆形叶（荷花）

▲ 盾形叶（荷花）

▲ 箭形叶（慈菇）

▲ 元宝形叶（元宝草）

▲ 卵状披针形叶（大叶桉）

▲ 三角状卵形叶（意大利杨）

▲ 掌状深裂叶（鸡爪槭）

▲ 掌状全裂叶（羽毛枫）

▲ 羽状全裂叶（银桦）

　　复叶依小叶的排列情况不同，分为羽状复叶、掌状复叶、三出复叶、单身复叶等。羽状复叶又分为一回奇数羽状复叶、一回偶数羽状复叶，二回奇数羽状复叶、二回偶数羽状复叶，三回奇数羽状复叶等。

▲ 奇数羽状复叶（日本黄栌）

▲ 偶数羽状复叶（枫杨）

▲ 二回羽状复叶（苦楝）

▲ 二回羽状复叶（合欢）

▲ 三回羽状复叶（南天竹）

▲ 掌状复叶（七叶树）

▲ 三出复叶（葛藤）

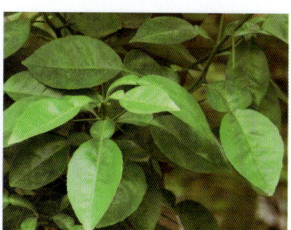
▲ 单身复叶（柚子）

■ 2. 叶色

园林植物的色彩是视觉审美的重要对象，是对园林景观欣赏最直接、最敏感的接触。不同的色彩在不同国家和地区具有不同的象征意义，而欣赏者对色彩也极具偏好性，即植物色彩同植物形态一样也具有"感情"。

不同的植物以及植物的各个部分都显现出多样的光色效果，是园林植物造景的调色盘，认识其属性有利于造景时做出绝妙的色彩搭配。

植物的叶色较为丰富，有红色、紫红色、橙红色、黄色、金黄色、橙黄色、绿色、深绿色、浅绿色及斑色（多色混合）等。大部分常绿树种的叶色为绿色，且四季变化不大，只有少数常绿树种的冬季老叶会变红，如杜英、香樟、石楠、珊瑚树等。落叶树种的叶色具有明显的季相变化，大部分落叶树的秋季叶色会变黄或变红，观赏价值较高。

■ 红色叶系植物

红色与火同色，充满激情，意味着热情、奔放、喜悦和活力，有时也象征着恐怖和动乱。红色给人以艳丽、芬芳和青春的感觉，因此极具注目性、诱视性和美感性。但过多的红色，刺激性过强，会令人倦怠和烦躁，在造景应用时需慎重。

春季红色叶系植物的主要种类如下列图片所示。

▲ 红枫　　　▲ 日本红枫　　　▲ 红叶石楠　　　▲ 石楠　　　▲ 乐东拟单性木兰

▲ 桂花　　　▲ 香椿　　　▲ 元宝枫　　　▲ 红花檵木　　　▲ 红叶茶梅

秋季红色叶系植物的主要种类如下列图片所示。

▲ 乌桕　　　▲ 枫香　　　▲ 北美枫香　　　▲ 日本黄栌　　　▲ 鸡爪槭

▲ 元宝枫　　　▲ 三角枫　　　▲ 五角枫　　　▲ 秀丽槭　　　▲ 盐肤木

■ 黄色叶系植物

黄色明度高，给人以光明、辉煌、灿烂、柔和、纯净之感，象征着希望、快乐和智慧，同时也具有崇高、神秘、华贵、威严、高雅等感觉。

春季黄色叶系植物的主要种类如下列图片所示。

▲ 金叶女贞　　　▲ 金森女贞　　　▲ 金叶钝齿冬青.　　　▲ 黄金茶　　　▲ 洒金干头柏

秋季黄色叶系植物的主要种类如下列图片所示。

▲ 银杏　　　▲ 无患子　　　▲ 元宝枫　　　▲ 七叶树　　　▲ 珊瑚朴

▲ 意大利杨　　　▲ 白桦　　　▲ 洋白蜡　　　▲ 榔榆　　　▲ 蜡梅

■ 橙红色叶系植物

橙红色为红色和黄色的合成色，象征古老、温暖和欢欣，给人以火热、明亮、华丽、健康、温暖的感觉。

橙红色叶系植物的主要种类如下列图片所示。

▲ 枫香　　　▲ 北美枫香　　　▲ 日本黄栌　　　▲ 柿树　　　▲ 杂交马褂木

■ 紫色叶系植物

紫色乃高贵、庄重、优雅之色，明亮的紫色令人感到美好和兴奋。高明度紫色象征光明，其优雅之美能营造出舒适的空间环境；低明度紫色与阴影及夜空相联系，富有神秘感。

紫色叶系植物的主要种类如下列图片所示。

▲ 紫叶桃　　　▲ 紫叶李　　　▲ 红羽毛枫　　　▲ 紫叶小檗　　　▲ 紫叶黄栌

■ 2.1.3 花形花色花香

　　植物的花形、花色、花香是最受人们喜爱的，也是园林植物造景最有观赏价值和吸引力的元素。能开花的植物十分丰富，乔木、灌木、花卉、地被、攀援植物、湿地植物、水生植物等都有绚丽多姿的花朵。每种植物的花形、花色都不一样，开花季节也有所不同。人们在观赏满树花开的时候都能有一种十分畅快的心情，常常会被自然的美丽而深深打动。因为鲜花盛开的场面能营造出一种明朗欢快的场景气氛，这种强烈的视觉美感很容易吸引众人的目光。因此，植物造景的美感对视觉效应和场景效应起着十分重要的作用。抓住了植物自然美的特征，集中或突出植物的美感部分，就可以给广大观赏者带来更多心灵的震撼和感动。

　　乔木中的花木一般具有观赏价值的大多数是落叶树，常绿阔叶树也有花木，但比较少，如广玉兰、红花木莲、深山含笑、银荆树、山茶花等。灌木中的花木很多，大多数落叶灌木都能开花并有观赏价值，如蜡梅、结香、紫荆、牡丹、木芙蓉、棣棠、金雀花、珍珠梅等。有的植物除了花形、花色美丽外，还有迷人的香味。如蜡梅的清香、桂花的甜香、栀子花的浓香、丁香的幽香、米兰的奇香、白兰花的醇香、含笑的蕉香等。在植物景观营造中配置一些带有香味的植物，会使植物环境充满沁人心脾的自然香味和气息，人们在观赏花形花色的同时能闻到清新的植物花香，会不由自主地陶醉其中。

■ 1. 花形

　　广义的植物花形包含花序的形态和单生花的形态。

　　花序是指有些植物数朵花簇生于叶腋，并按一定的规律排列在花轴上，具体分为无限花序、有限花序和混合花序。无限花序是从下而上或从周边向中心边开花边形成花序，根据花朵排列等特点又分为总状花序、穗状花序、葇荑花序、肉穗花序、伞房花序、伞形花序、头状花序、隐头花序、圆锥花序、复伞房花序、复伞形花序等。有限花序又称聚伞花序，自上而下或自中心向周围边开花边形成花序，依据花轴分枝不同又分为单歧聚伞花序、二歧聚伞花序、多歧聚伞花序、轮伞花序。混合花序是指在同一花序上同时生有无限花序和有限花序，如主轴为无限花序，侧轴为有限花序，部分植物的花序属此种类型。

▲ 总状花序（十字花科植物）　　▲ 葇荑花序（杨柳科植物）　　▲ 肉穗花序（棕榈科植物）　　▲ 伞房花序（蔷薇科植物）

▲ 伞形花序（绣球花等）　　▲ 头状花序（金盏菊等）　　▲ 复伞房花序（花楸属植物）　　▲ 复伞形花序（伞形科植物）

单生花的花冠类型是由于花瓣的分离或连合、花瓣的形状与大小不同以及花冠筒的长短不同而形成的。常见的花冠类型有蔷薇形花冠、十字形花冠、蝶形花冠、唇形花冠、喇叭形花冠、管状花冠、舌状花冠、钟形花冠、高脚碟状花冠、坛状花冠、辐射状花冠等。

▲ 蔷薇形花冠（蔷薇科植物）　　▲ 十字形花冠（十字花科植物）　　▲ 蝶形花冠（蝶形花科植物）　　▲ 唇形花冠（唇形花科植物）

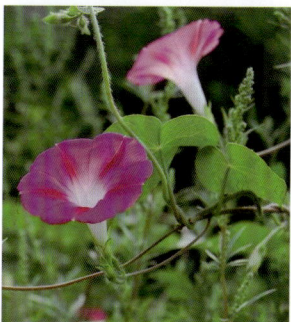

▲ 喇叭形花冠（牵牛花等）　　▲ 钟形花冠（桔梗等）　　▲ 高脚碟形花冠（水仙）　　▲ 坛状花冠（柿树）

▲ 管状花冠(向日葵的盘心花)　　▲ 舌状花冠(向日葵的盘边花)　　▲ 辐射状花冠（蕃茄等）　　▲ 重瓣花（月季等）

■ 2. 花色

植物的花色丰富多彩，有红色、紫红色、粉红色、橙红色、黄色、金黄色、橙黄色、蓝紫色、白色及斑色等。大部分植物的花色是单一的，有些植物的栽培品种很多，花色各异，可谓五彩缤纷，如月季、茶花、杜鹃、牡丹、梅花、紫薇等。下面按花色归类，列举各种花色的主要植物种类（因有些植物的花色多样，其名称在各类型花色中会重复出现）。

■ 红色花系植物

红色花系植物主要有梅、紫荆、垂丝海棠、贴梗海棠、锦带花、榆叶梅、石榴、紫薇、合欢、木棉、凤凰木、夹竹桃、红山茶、杜鹃、蔷薇、月季、玫瑰、红牡丹、芍药、绣线菊、象牙红、扶桑、锦葵、蜀葵、美人蕉、一串红、千屈菜、菊花、大丽菊、雏菊、鸡冠花、凤尾鸡冠花、美女樱、郁金香、石竹等。

▲ 梅花

▲ 贴梗海棠

▲ 果石榴

▲ 花石榴

▲ 美国紫薇

▲ 杜鹃

▲ 刺桐

▲ 月季

▲ 月月红

▲ 叶子花

▲ 山茶花

▲ 茶梅

▲ 红花檵木

▲ 牡丹

▲ 睡莲

▲ 花毛茛

▲ 朱顶红

▲ 鸡冠花

▲ 百日菊

▲ 雏菊

■ 紫红色花系植物

　　紫红色花系植物主要有红运二乔玉兰、紫玉兰、紫荆、紫藤、紫丁香、紫薇、木槿、紫花泡桐、紫花槐、再力花、千屈菜、三色堇、水生鸢尾、桔梗、醉鱼草、耧斗菜、沙参、紫菀、石竹、荷兰菊、紫茉莉、紫花地丁、半支莲、美女樱等。

▲ 红运二乔玉兰

▲ 紫玉兰

▲ 紫荆

▲ 紫丁香

▲ 重瓣榆叶梅

▲ 杜鹃

▲ 紫花槐

▲ 紫薇

▲ 菊花

▲ 大丽菊

▲ 铁线莲

▲ 再力花

▲ 千屈菜

▲ 水生鸢尾

▲ 花菖蒲

■ 粉红色花系植物

粉红色花系植物主要有桃、紫叶桃、碧桃、日本晚樱、紫叶李、垂丝海棠、郁李、夏鹃、牡丹、合欢、紫薇、木槿、木芙蓉、荷花、睡莲等。

▲ 桃

▲ 紫叶桃

▲ 碧桃

▲ 日本晚樱

▲ 紫叶李

▲ 垂丝海棠

▲ 贴梗海棠

▲ 郁李

▲ 夏鹃

▲ 牡丹

▲ 合欢

▲ 紫薇

▲ 木槿

▲ 木芙蓉

▲ 粉花绣线菊

▲ 茶梅

▲ 美人茶

▲ 夹竹桃

▲ 菲吉果

▲ 叶子花

▲ 大花铁线莲

▲ 瑞香

▲ 多花蔷薇

▲ 荷花

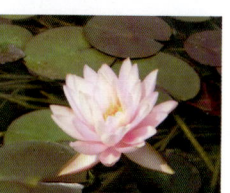
▲ 睡莲

■ 黄色花系植物

黄色花系植物主要有飞黄玉兰、栾树、海滨木槿、黄花夹竹桃、蜡梅、结香、迎春花、云南黄馨、连翘、金钟花、金丝桃、黄刺玫、棣棠、黄牡丹、金银花、美人蕉、大丽菊、唐菖蒲、向日葵、大花萱草、黄菖蒲、菊花、金光菊、金鱼草、半支莲等。

▲ 蜡梅

▲ 结香

▲ 迎春花

▲ 云南黄馨

▲ 金钟花

▲ 飞黄玉兰

▲ 重瓣棣棠

▲ 金丝桃

▲ 海滨木槿

▲ 月季

▲ 栾树

▲ 金花茶

▲ 含笑

▲ 十大功劳

▲ 阔叶十大功劳

▲ 木香

▲ 金桂

▲ 伞房决明

▲ 棕榈

▲ 黄菖蒲

■ 橙色花系植物

橙色花系植物主要有丹桂、鹅掌楸、凌霄、月季、菊花、万寿菊、孔雀草、美人蕉、萱草、金盏菊、万寿菊、半支莲、旱金莲等。

▲ 丹桂

▲ 杂交鹅掌楸

▲ 凌霄

▲ 月季

▲ 美人蕉

▲ 萱草

▲ 金盏菊

▲ 菊花

▲ 万寿菊

▲ 孔雀草

■ 蓝紫色花系植物

　　蓝紫色为典型的冷色和沉静色，有寂寞、空旷的感觉。在园林中蓝色系植物主要用于清静处或老年人活动区。

　　蓝紫色花系植物主要有苦楝、单叶蔓荆、蔓长春花、花叶蔓长春花、绣球花、蓝雪花、马蔺、木蓝、楼斗菜、花菖蒲、铁线莲、瓜叶菊、风信子、鸢尾、梭鱼草等。

▲ 苦楝

▲ 单叶蔓荆

▲ 蔓长春花

▲ 花叶蔓长春花

▲ 绣球花

▲ 蓝雪花

▲ 马蔺

▲ 木蓝

▲ 楼斗菜

▲ 花菖蒲

▲ 铁线莲

▲ 瓜叶菊

▲ 白芨

▲ 鸢尾

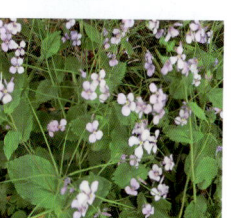
▲ 二月蓝

■ 白色花系植物

　　白色象征着纯洁和纯粹，感应于神圣与和平。白色明度最高，给人以明亮、爽朗、干净、清晰、坦率、朴素、纯洁的感觉，不过也易给人单调、凄凉和虚无之感。

　　白色花系植物主要有白玉兰、白兰花、梅花、碧桃、白丁香、李、梨、杜梨、刺槐、泡桐、夹竹桃、木槿、木绣球、牡丹、白鹃梅、六月雪、金银木、绣线菊、珍珠梅等。

▲ 梅花

▲ 白玉兰

▲ 白碧桃

▲ 李

▲ 梨

▲ 泡桐

▲ 刺槐

▲ 日本早樱

▲ 白丁香

▲ 木绣球

▲ 四照花

▲ 七叶树

▲ 紫薇

▲ 木槿

▲ 深山含笑

▲ 广玉兰

▲ 山茶花

▲ 火棘

▲ 栀子花

▲ 小叶栀子花

▲ 檵木

▲ 金边六月雪

▲ 金叶大花六道木

▲ 夹竹桃

▲ 红叶石楠

▲ 女贞

▲ 金森女贞

▲ 金叶女贞

▲ 南天竹

▲ 木芙蓉

▲ 绣球花

▲ 凤尾兰

▲ 茉莉花

▲ 荷花

▲ 睡莲

■ 3. 花香

　　一般艺术的审美感知，多强调视觉和听觉的感知，唯园林植物中有嗅觉感知，更具独特的审美效应。"疏影横斜水清浅，暗香浮动月黄昏"道出了玄妙横生、意境空灵的梅花清香之韵。人们通过嗅觉感赏园林植物的芳香，得以绵绵柔情，引发种种醇美回味，令人心旷神怡。所以，熟悉和了解园林植物的芳香种类，配植成月月芬芳满园、处处馥郁香甜的香花园，也是植物造景的一种重要手段。

　　花朵具有香味的植物主要有桂花、白兰花、含笑、刺槐、女贞、丁香、瑞香、鸡蛋花、猕猴桃、香雪球、月季、玫瑰、兰花、珠兰、米兰、茉莉花、水仙等。

■■ 2.1.4 果形果色果香

植物的果实有的既可以食用又可以观赏，但也有一些植物的果实只能观赏而不能食用。植物中的果实形形色色，丰富多彩，一般果木从开花到结果的全过程都具有一定的观赏价值。如栾树，开花是一串串黄花，结果时从小串到丰满，颜色由果绿慢慢到淡淡的玫瑰红，再到深玫瑰红，最后到果实成熟时变为中黄色，这一变化过程丰富了人们观赏的过程。这种观赏期较长的植物也正是我们常说的具备较高观赏价值的植物。景观植物造景用得较多的就是观赏价值高、观赏时间长、经济价值比较低、管理比较简单的植物。

一般可食用的果实植物都有开花期，因此具有赏花、观果、食用三重感观效果，观赏时间也相对比较长。可食用的果木花开及果实的色彩与形状各具特色，如桃、杏、李、梨、枇杷、石榴、柿子、柑橘、金桔等，都是人们熟悉且经常食用的水果。

不能食用的观果树木，果实的形态有大有小，色彩多种多样。常见的有大红色、粉红色、黄色、紫色、黑色等。红色果实有枸骨、无刺枸骨、珊瑚树、石楠、火棘、南天竹、冬青、铁冬青、新木姜子、朱砂根、草珊瑚、桃叶珊瑚等；黄棕色的果实有松果、麻栎、石栎、青冈栎、无患子、七叶树、鹅耳枥等；还有一些紫黑色的，如女贞、金叶女贞、椤木石楠、十大功劳、阔叶十大功劳等。

■ 1. 果形

根据植物果实的形态结构，分为单果、聚合果、复果（聚花果）三大类。

单果根据果熟时果皮的性质不同，可分为干果（裂果、闭果）和肉质果两大类。其中裂果包括 、荚果、角果、蒴果；闭果包括瘦果、颖果、坚果、翅果、分果；肉质果包括浆果、柑果、核果、梨果、瓠果。

▲ 菁葖果（梧桐）

▲ 荚果（紫藤）

▲ 蒴果（山茶科植物）

▲ 瘦果（向日葵）

▲ 坚果（板栗）

▲ 翅果（臭椿）

▲ 浆果（葡萄）

▲ 柑果（柚子）

▲ 柑果（柑橘）

▲ 核果（桃）

▲ 梨果（梨）

▲ 梨果（苹果）

▲ 聚花果（悬铃木）

▲ 聚花果（桑椹）

▲ 聚合果（广玉兰）

▲ 聚合蓇葖果（八角）

■ 2. 果色

植物的果色也较为丰富，幼果与熟果的色泽有所不同。幼果的色泽一般为青绿色，熟果的色泽则有红色、紫色、黄色、蓝紫色、黑色等。

■ 红色果实植物

成熟果实呈红色的植物主要有枸骨、冬青、石楠、珊瑚树、火棘、南天竹、石榴等。

▲ 樱桃

▲ 桃子

▲ 杨梅

▲ 李子

▲ 石榴

▲ 火棘

▲ 南天竹

▲ 红果冬青

▲ 枸骨

▲ 无刺枸骨

▲ 洒金桃叶珊瑚

▲ 四照花

▲ 粉团蔷薇

▲ 金银木

▲ 细叶小檗

■ 紫色果实植物

成熟果实呈紫色的植物主要有杨梅、李子、紫叶李、葡萄、紫珠等。

▲ 杨梅

▲ 李子

▲ 紫叶李

▲ 葡萄

▲ 紫珠

■ 黄色果实植物

成熟果实呈黄色的植物主要有柚子、胡柚、柑橘、金桔、佛手、银杏、梅、杏、木瓜、沙棘等。

▲ 枇杷

▲ 杏子

▲ 柑橘

▲ 金桔

▲ 柚子

▲ 胡柚

▲ 木瓜

▲ 佛手

▲ 沙棘

▲ 银杏

■ 青绿色果实植物

成熟果实呈青绿色的植物主要有青梅、杏、李、梨等，以及桃的幼果等也是青绿色的。

▲ 青梅

▲ 杏子

▲ 李子

▲ 梨子

▲ 桃的幼果

■ 蓝色果实植物

成熟果实呈蓝色的植物主要有十大功劳、蓝莓、海州常山等。

▲ 十大功劳

▲ 阔叶十大功劳

▲ 湖北十大功劳

▲ 蓝莓

▲ 海州常山

■ 黑色果实植物

成熟果实呈黑色的植物主要有香樟、女贞、椤木石楠、金叶女贞等。

▲ 香樟

▲ 女贞

▲ 椤木石楠

▲ 木姜子

▲ 桑果

■ 3. 果香

有些植物的果实不仅美观，而且具有香味，果皮香甜味美可口，其观赏价值和食用价值更高，更受人们的喜爱。如柚子、胡柚、柠檬、柑橘、金桔、佛手、芒果等。

无论是可食用的还是可观赏的果木，一般都是鸟类喜欢且常光顾的树木。果实像诱饵一样可吸引鸟类，栽植一些果木可以吸引小鸟在林中欢快地飞来飞去，不时传来一阵阵清脆的鸟叫声，可增加生态环境气氛。这是我们植物景观营造所应追求的"回归自然"的美好境界，也是人们喜爱和渴望获得的自然生态环境。

▲ 果树招引小鸟

■ 2.1.5 植物的质地

质感是指人对自然质地所产生的心理感受，可通过触觉感知，也可通过视觉观赏。不同的质地给人们以不同的心理感受，即质地的"随感"。如纸质、膜质叶片呈半透明状，给人以恬静之感；革质叶片，厚而浓暗，给人以稳重之感；而粗糙多毛者，给人以粗野之感。总之，质地具有较强的感染力，可使人产生丰富而又微妙的心理感受。

不同的植物，具有各异的质感。植物的质地由树皮的外形、茎秆的粗细、小枝的形状与排列、叶片的大小与多少、叶缘的形态、叶表面是否粗糙以及观赏距离等因素决定。植物的质地景观虽无色彩、姿态之引人注目，但对植物景观的协调性、多样性、视距感、空间感以及观赏情感有着一定的影响。

根据园林植物的质地在景观中的特性及其用途，可分为粗质型、中质型及细质型三大类。

■ 1. 粗质型植物

粗质型植物通常为松散的树形、疏松粗壮的枝干以及宽大的叶片等。粗质型植物给人以强壮、坚固、刚健之感。粗质与细质的搭配，具有强烈的对比性，会产生"跳跃"之感。在植物配置中可作为中心物加以装饰和点缀，但过多使用则显得粗鲁而无情调。另外，粗质型植物可使景物趋向赏景者，从而造成某种幻感，使空间显得狭窄和拥挤，所以宜用于超越人们正常舒适感的自然开阔的环境中，而在狭小空间如宾馆、庭院内尽量少用。

粗质型园林植物主要有悬铃木、泡桐、梧桐、构树、喜树、枇杷、广玉兰、七叶树、臭椿、木棉、火炬树、鸡蛋花、棕榈、加拿利海枣、银海枣、凤尾兰等。

▲ 悬铃木　　　▲ 泡桐　　　▲ 梧桐　　　▲ 喜树　　　▲ 构树

▲ 桤木　　　▲ 臭椿　　　▲ 栾树　　　▲ 广玉兰　　　▲ 枇杷

▲ 石楠　　　▲ 木芙蓉　　　▲ 棕榈　　　▲ 加拿利海枣　　　▲ 银海枣

■ 2. 中质型植物

中质型植物是指具有中等大小叶片以及适中密度的植物，大多数植物属于此类型。在景观植物配置中，中质型植物与细质型植物的连续搭配，能给人以自然统一的感觉。

中质型园林植物主要有香樟、女贞、桂花、杜英、杨梅、榕树、珊瑚树、山茶花、夹竹桃、银杏、无患子、朴树、榉树、苦楝、香椿、枣、核桃、梅、桃、杏、李、鸡爪槭、红枫、石榴、紫薇、木槿、丁香、四照花、鸡冠刺桐等。

▲ 香樟

▲ 女贞

▲ 桂花

▲ 杨梅

▲ 榕树

▲ 珊瑚树

▲ 山茶花

▲ 夹竹桃

▲ 银杏

▲ 榉树

▲ 苦楝

▲ 无患子

▲ 枣

▲ 梅

▲ 桃

■3. 细质型植物

细质型植物是指具有许多小叶片、细小的枝条以及密集整齐而紧凑冠型的植物。细质型植物给人以柔软、纤细的感觉，有种扩大距离的感觉，故宜用于紧凑狭窄的空间里。同时，细质型植物叶小而浓密，枝条纤细而不易显露，所以轮廓清晰，外观文雅而细腻，宜用作背景材料，以展示整齐、清晰、规则的特殊氛围。

▲ 日本五针松

▲ 罗汉松

▲ 龙柏

▲ 桧柏

▲ 落羽杉

▲ 垂柳

▲ 合欢

▲ 银荆树

▲ 榔榆

▲ 红羽毛枫

▲ 小檗

▲ 文竹

▲ 地肤

▲ 马尼拉草

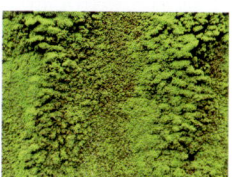
▲ 苔藓

■ 2.1.6 植物的季相

植物在一年中的变化有萌芽、展叶、孕蕾、开花、结果、落叶（落叶植物）等，这种有规律的生长变化造就了植物景观的时序变化。植物的季相美极大地丰富了园林景观，满足了人们欣赏植物四季景观的审美需求。

自然气候的变化像魔棒一样让落叶树木在人们眼前悄悄地变装，让人们感觉到四季的变化、光阴的流逝。植物的季相美，常常会给人们留下深刻的印象，每一个季节都有一幅幅不同的美丽画面。春天的树木抽芽吐绿，油菜花黄，桃李花开；夏天的树木成荫，万绿重重，荷花满塘；秋天的树叶色彩斑斓，果实累累；冬天的树木银装素裹，婀娜多姿。这种集自然美而展现的壮丽植物景观，深深地吸引着人们，打动着人们的心，在人们的心里产生作用。营造一个舒适宜人的优美环境，也是景观植物营造的魅力所在。

景观植物配置的艺术化，不是营造者随心所欲"画"出来的，而是科学与艺术的有机结合。根据植物季相的变化和不同花期的特点可以创造植物景观的观赏时序，以此丰富和满足大众的审美需求。四季赋予了植物的变换而更具有魅力，人们喜爱在季相的变化中寻美：春来踏青看柳，夏日荷蒲熏风，秋时桂香四溢，冬季踏雪赏梅。景观植物的配置正是要按照人们的审美习惯，把握住景观植物的四季色彩，充分展现植物的季相之美，营造出人们喜爱的、有特色的植物风景。

▲ 银杏春景

▲ 银杏夏景

▲ 银杏秋景

▲ 银杏冬景

▲ 乌桕春景

▲ 乌桕夏景

▲ 乌桕秋景

▲ 乌桕冬景

随着社会经济文化的发展，大众的审美要求越来越高，这就要求景观营造师把实用功能与审美特性两者高度地统一起来。把握和发挥植物的季相美是植物景观营造的一个重要表现。我们为了最大限度地展现植物的自然美特征，应坚持科学与艺术相结合，才能充分发挥出植物景观营造的魅力。只知道营造的美学原理，不精通景观植物的习性，只能停留在"纸上谈兵"。无视科学，违背科学规律，无情的现实会给经济和生态带来沉重的打击；反之，只懂得植物的习性，不懂艺术原理和审美心理的营造师，充其量只能称之为工匠。我们景观工作者要跟上时代的发展，营造出理想的、尽善尽美的、符合人们审美心理的植物景观环境，成为一名优秀的植物景观营造师。

2.2 植物的文化属性

植物景观不仅是单纯的自然和生态现象，也是人们美好愿望的寄托，因此植物也被赋予了各种文化的内涵。人们追求在植物景观中感受自然的美妙、宇宙的玄远、天地间的高深和万事万物生生不息的哲理。

植物的文化属性来自植物的美感特征，即人们对植物独特的喜爱而产生的一种独特的意象和感情。植物景观文化是通过植物的形、色、香、声、韵等自然特征，营造出寄情于景的环境而实现的。体现人与自然的和谐，创造园林景观文化也是当今景观植物配置的基本理念。

植物文化反映了人们对自然的热爱所产生的独特美感情境。所谓"触景生情"正是人们被大自然的美所感动而上升的情感空间。情景交融是自然美与人的审美观的相互融合，综合体现了植物性格与观赏感受的一致性，表现了人的思想、品格、意志、审美、情感和意向。

2.2.1 植物与文学诗词

全球植物种类繁多，形态万千，色彩丰富，植物的自然美深深地吸引着人们。但人们喜爱植物并不完全停留在形态的观赏上，还喜欢把自身的感情赋予植物之上，把植物比喻人的性格，用非常优美的词汇赞赏它。如"松竹梅——岁寒三友"，赞赏冬天不畏寒冷的植物——松树、竹子、梅花三者傲寒的坚强性格。又如松树称为"不老松"，比喻万古长青，象征坚贞不屈的英勇气概；梅花"傲雪怒放"，形容一种坚韧不拔的精神；荷花"出淤泥而不染"，赞扬其纯洁的品格；竹子空腹杆直，寓意虚心清秀，刚正不阿，颂扬其高风亮节的品德等。

▲ 松竹梅——岁寒三友

自古以来，人们都喜爱借助植物的美感特征以抒发内心的美感情怀。白居易在《养竹记》中写道"竹似贤何哉？竹本固，固以树德""竹性直，直以立身""竹心空，空以体道""竹之于草本，犹贤之于众庶"。苏东坡写有"宁可食无肉，不可居无竹"的佳句。可见古人对竹子的个性特征有着独特的喜好，这种感受是基于我国传统的文化，赋予竹子潇洒、高节、虚心的文化内涵之上。这种象征手法来自于大众的审美情趣，来自于民族习惯，来自于地方文化与风俗。

▲ 竹子具有潇潇音韵之胜

我国传统诗歌文学与植物景观有着密切的关联。文人描写的自然风景，并不是自然景象的简单再现，而是赋予了情意与思想境界，加深了诗歌文学的风韵和意境。譬如描写春天"桃红柳绿""麦苗青，菜花黄""一树独先天下春"；描写夏天"风吹枝摇，虫鸣林喧""散布花香，招蜂引蝶"；描写秋天"万紫千红""万山红遍""果实累累""联翩桂花坠秋月""桂花秋皎洁"；描写冬天"银装素裹""寒雪探梅""冬深梅不寒"等。描写四季植物景色时这样写道："春则花柳争艳，夏则荷柳竞放，秋则桂子飘香，冬则梅花破玉，瑞雪飞瑶。"这说明自古以来，人们喜爱欣赏自然风景，自然植物景色是古人写诗作画的创作之源。陶冶情操，求得精神上的满足和审美享受，这是人们的天性所在。人们在欣赏大自然的同时，也达到了养目清心、充沛精神之目的。

有关描绘植物风景的诗文有"山姿雄伟，植苍松翠柏，山更显得苍润气拔；水态轻盈，池中放莲，岸边植柳，柳间夹桃，方显得柔和恬静""窗前月下若见梅花含笑，竹影摇曳""高山栽松，岸边植柳，山中挂藤，水上放莲，修竹千竿，双桐相映""风生寒峭，溪湾柳间栽桃，月隐清微，屋绕梅余种竹，似多幽趣，更入深情""渔舟逐水爱山春，两岸桃花夹去津。坐看红树不知远，行尽青溪忽视人""遥看一处攒云树，近入千家散花竹""当时只记入山深，青溪几曲到云林。春来遍是桃花水，不辨仙源何处寻"等。以上富有诗情画意的植物景观的描述，可以为植物配置提供一定的借鉴和参考。

▲ 桃红柳绿

▲ 柳垂荷塘

▲ 修竹千竿

▲ 瑞雪红梅

▲ 岸边植柳

▲ 水上放莲

▲ 果实累累

▲ 亭台楼阁

文学诗句的美妙描述，让我们感受到一幅幅美丽精彩的植物景色就呈现在我们眼前，为我们造景构思增添了丰富的想象力，使我们对不同季节的代表性植物有了清楚的认识，这一点尤其在体现季相景观植物配置时有很大的帮助。

■ 2.2.2 植物与传统绘画

我国传统绘画中绝大多数的题材都与植物有关。唐宋时期，社会昌盛，庶民生活富裕安定，诗画艺术发展到登峰造极之地，私家造园兴起。文人造园将诗情画意揉进了壶中天地，有许多私家园林的造园意境都来自于文人画本。因此，园林景观的特色明显，景如画，画似景。至明清时期，已有大批文人画家参与了造园，小小的景园浓缩了无限美丽的自然境界。亭台楼阁，树木花草，小中见大，充满了诗情画意。小小庭园的朴实与自然美丽成了文人士大夫抒发情感的梦中天地，不可否认庭园中的植物起着重要的作用。庭园中的植物，花开花落，流红滴翠。漫步弯曲小道之间，可以感受到树木的气息、花草的芬芳和悠然的天籁，领略到清新隽永的情意。不同审美经验的人因此而浮想联翩，产生出不同的审美心理和情感意境。

古画中我们常常看到描绘古老沧桑的大树，很富有诗意。在庭园植物景观中种植一棵有年岁的大树，在视觉中一样富有美感和诗意，很易"触景生情"打动人心。这就是我们应该关注和寻找的景观构成的特别要素，适当地点缀场景特色，使环境更加生动、富有魅力。植物景色可以孕育和产生诗情画意的美好心境，树木花草的色彩及沁人心脾的清香，让人们享受到陶醉于自然怀抱中的美感。许多优秀的园林作品往往是在优美的山水诗、山水画的影响和启迪下创作的，得益于优美的山水诗画。园林景观营造与画家画风景画一样，不是模拟自然，而是抓住自然风景中最动人的因素进行抽象概括的描绘。我们景观营造师在营造过程中表达的是对自然环境的认识以及被自然环境唤起的真实情感，展现的是某种艺术品质，如环境的自然美丽、和谐安定、安全宁静等。

▲ 山水风景画   (本图引自昵图网)   ▲ 国画——松竹梅   (本图引自昵图网)

通过南北山水画的分析可以看到，一般北方的私家庭园中喜爱种植松树、柏木、核桃、柿树、榆树、槐树、海棠等；而南方的私家庭园中喜爱种植玉兰、梅花、桂花、蜡梅、牡丹、竹子、芭蕉等，这些都是南北方画家常画的内容和题材。北方画家爱画松，南方画家爱画竹。江南清代画家郑板桥画竹很有名，可见植物是园林景观中最容易产生画意和美感的元素之一。我们在植物景观营造中可以借助诗情画意来构思我们的造景方案，因此学点美学、文学、绘画、书法，从中汲取更多的创作灵感，这对植物景观的营造会有很大的帮助。

2.2.3 植物与意境表达

植物景观的意境是千余年来我国历代园林名师巨匠所追求的核心，也是我国园林具有世界影响的魅力所在。追求植物景观的意境表现，是通过对各种自然植物的理解，用艺术手法集中再现自然之美，是在一定审美基础上的提升和发展。

植物景观意境的创造要通过植物的艺术布局来引发观赏者的美感情趣。植物材料的自然属性中蕴藏着历史、文化与空间的情结，在满足生态功能的基础上可以营造文化、意境和独特的空间情调。植物自然生态意象的创造和整体空间色彩布局都需要精心设计，注重植物的形态、色彩以及四季特性的不同搭配，营造独特的环境氛围，让人们通过视觉感受，联想而产生一些美感意境。还可以通过植物花色、叶色、树影、声响等传递风、云、日、月、四季等自然变化的信息，创造一种与自然浑为一体的植物景观意象。

植物素材丰富而独特的形式语言作为空间塑造的元素，具有其它材料所不能比拟的魅力。如古人形容竹林："竹子有清脆欲滴、四时一贯的色泽之美，也有潇潇的音韵之胜，更有含露吐雾、滴沥空庭的意境之妙。"古人常用诗词、绘画描写庭园环境美如画的意境，这就告诉我们，作为现代的景观营造师更需要在文学修养、审美情趣、内心世界的丰富上多下功夫。因为有意境的植物景观更耐人寻味，引发兴趣联想，给人们留下深刻的印象。植物景观本身可以体现意境效果，植物与园林山水、建筑等其它元素结合时更能体现综合性意境效果，给予观赏者以情境的联想，产生物外情、景外意。意境是情与景、意与境的统一，意境的产生是物与我的交融，即审美主体与客体交流的结果。充满诗情画意的环境空间，与自然植物景观密不可分。

▲ 竹子含露吐雾滴沥空庭

除此之外，还有些民间流传的吉祥语也与植物有关。例如常用谐音表达一种吉祥，蕴藏和体现了民俗文化的历史内涵。如桂花的"桂"与"贵"谐音，因此桂花在古代常比喻为"贵子""富贵"；枇杷象征"多子多福"；石榴象征"多子多孙"；牡丹称为"富贵花"；比喻生活好得如"芝麻开花节节高"等，都是来自民间的吉祥语。讨个吉利体现了老百姓追求理想生活，实现美好愿望的真实朴素的美好情感。祖先传承下来的文化内涵，值得我们仔细研究和参考，以求景观意象能吻合广大老百姓的审美心理需求。

▲ 枇杷——寓意"多子多福"

植物景观意境创造基于造景者的文化底蕴和艺术修养之上。因此，平时多学习和积累文化知识以及加强自身的文化艺术修养，对植物景观意境的创造很有必要。

▲ 石榴——寓意"多子多孙"

▲ 桂花果实（桂子）——谐音"贵子"

▲ 荷花——出淤泥而不染

▲ 牡丹——寓意"富贵吉祥"

■ 2.2.4 植物与风水禁忌

风水学是我国传统文化的重要组成部分，我国古代园林景观营造之中大多渗透着风水学的理念。植物造景作为园林景观的重要构成要素，应当从风水学当中汲取营养。把风水学中方位相关原理与均衡性原则及植物本身的四季相应原则应用于植物造景过程之中，是对传统文化的继承和发扬，具有深远的历史意义。

风水禁忌可以看成是一种文化现象和意境体现，而且大部分禁忌其实也是有一定的科学道理的。民间传统的树木栽植禁忌，就是风水学均衡原则的体现。根据风水学的观点，树木的形态影响着周围的环境，树木可利人也可害人，故在植物造景过程之中应当考虑避凶趋吉。

房屋的门窗是主要纳气之口，树干忌立于门窗前，因为人居环境的宇宙能量以微波形态不断作用于房宅。微波试验证明，细小的一根针立于微波天线纳气（波）之口处，即出现驻波干扰。由此观之，传统的风水观念忌在门窗前立树立干，不仅是传统经验方面的认识，也是科学上的正确认识。

▲ 庭院门前忌立木

▲ 庭院门前忌植物过多

▲ 房屋旁忌植大树

▲ 门前通透采光好

▲ 门前空旷采光好

风水学的阴阳均衡原则也直接影响着现代园林的植物造景。一般来说，现代别墅的前院布置，通常会种植大片草坪，在草坪与建筑相邻部位或前门小路两侧种植花木。均衡性原则就要求大面积草坪与大型乔木、小型灌木相平衡，在数量和色彩上、水平和竖向上保持一致，尽量体现变化，高低错落有致。与季相变化相和谐的原则，是风水学易学原理与环境地理学相结合的产物，体现了环境与时空的优选。易经中"生生不息"的变化思想，直接影响到了中国人的人生态度和生活方式，也影响到园林植物造景的美学追求。

风水学罗盘中的方位有着与季节相对应的含义，风水学著名典籍《黄帝宅经》就记载着"以草木为毛发"的观点。"宅以形势为身体，以泉水为血脉，以土地为皮肉，以草木为毛发，以舍屋为衣服，以门户为冠带，若得如斯，是事雅然。"风水学强调植物配置能反映季相变化，与现代园林植物造景的基本原则是相一致的。

▲ 植物景观优美、天人合一的人居环境

▲ 植物景观优美、天人合一的别墅庭院环境

"天人合一"思想影响下的风水学也要求植物造景与自然环境相和谐。例如，传统园林中要种植有利于春季欣赏的玉兰、海棠、桃花，也要栽植有利于夏季欣赏的荷花、芭蕉，有利于秋季欣赏的菊花、石榴、桂花，有利于冬季欣赏的松柏、梅花等。在植物配置上要求春夏景物疏朗明快，从而表现出冬夏有别的季节变化。对庭院植物一般要求灌木多于乔木，落叶树多于常绿树。当然，植物本身也具有四季变化的特点，树木有抽枝、发芽、吐叶、落叶的变化，而花草有花开花落的过程。融入到这种变化当中进行欣赏和观察，就是风水学当中"天人合一"内涵的真正体现。

▲ 小桥、流水、人家，植物景观优美的别墅庭院环境

▲ 有山有水、植物景观优美的别墅庭院环境

🌿 2.3 园林植物的作用

　　人类的生命来自于自然，也依赖于自然。人类失去植物的自然生活环境，也就意味着人类将走向灭亡。大自然中的植物是人类生存和依靠的不可缺少的生命资源，回归自然，与自然和谐共存是人类发展的根本。园林景观的三大要素：建筑、山水、植物，唯一带有生命力的要素就是植物。植物不仅具有环境保护作用，而且是体现园林景观生机和活力的不可缺少的重要元素。园林景观建筑造型很优美，但是如果没有植物的衬托，就会显得僵硬而枯燥乏味。可以说，没有植物的景观会显得苍白无力，就会让人感觉美中不足。

■ 2.3.1 环境保护作用

　　据科学家研究表明，地球大气层主要成分是生物生命参与的结果。大气层中的氧气，主要来源于绿色植物的光合作用。因此，园林植物与人居环境有着密切的关系。

　　植物是大气的天然过滤器，有的植物能分泌杀菌素，具有杀菌的功能，对空气中的污染物可以吸收、转化，通过新陈代谢使环境得到净化。还有些具有独特气味的树木可以驱虫。植物体内有许多催化剂，具有一定的解毒力，有机污染物渗入植物内可被酶分解而减少毒性。植物树干、枝叶表面粗糙，小叶与生长绒毛处分别有吸尘、滞尘作用。大片的草坪可以固土，抑制尘土飞扬，减少空气污染。浓密的植物枝叶如同吸尘器，对烟尘、粉尘都有明显的阻滞、吸附和过滤的作用，能减少空气中的浮尘，使空气变得洁净。

　　水土流失是由陡坡不适当、地表无植物覆盖、极其干燥的土壤状况或较大强度降雨的冲刷以及这些因素综合在一起造成的。适当地种植植物可以减缓或消除土壤流失，主要是树冠的枝叶能截住降水，减小雨滴降落的力量。植物枝叶还能吸收降水，起到调节雨量的作用，减弱大雨对土壤的冲蚀。植物的根系在地下形成网络状，能起到固定土壤的作用。土壤表层的覆盖物，如树叶或其它有机物可增加土壤吸收水分的容量，并像过滤层一样净化地下水层。树冠可遮阳，地被植物可防止地面的水分蒸发，根系深的树木则有利于水分渗入土壤下层，起到涵养水源的作用。

　　树木群植可形成防风带。植物林带可减弱风力、降低风速，形成防风防沙的植物壁墙。枝条密集或分枝低矮的植物可控制并减低贴近地面的风速；枝叶浓密的树木可形成良好的防风屏障；枝干多的大树或粗糙的植物可将风打散而降低风速。当风遇到树林时，受到一定的阻力后可减小风速。树体高大、枝叶密集、抗风力强的植物，可起到固土防沙的作用。

▲ 植物能改善空气质量

▲ 植物能调节大气温湿度

2.3.2 构成景观作用

园林植物作为营造园林景观的重要材料，本身具有独特的姿态、色彩、风韵之美。不同的园林植物形态各异、变化万千，既可孤植以展示个体之美，又能按照一定的构图方式造景，表现植物的群体之美；还可以根据各自的生态习性，合理安排，巧妙搭配，营造出乔、灌、草组合的群落景观。

园林景观以植物造景为主，植物无论是单独布置，还是多株植物配植，都能形成宜人的景色。植物以其个体或群体特有的姿、色、香、韵等美感，可以形成园林中诸多造景形式（主景、配景、障景、隔景、框景、漏景、借景、添景、对景、夹景），同时又构景灵活、自然多变。

▲ 乔灌草组合成优美的景观　　　　　　（此图引自昵图网）

园林植物随着季节的变化能够表现出不同的季相特征，春季繁花似锦，夏季绿树成荫，秋季硕果累累，冬季枝干遒劲。这种盛衰荣枯的生命节律，为我们创造园林四季演变的时序景观提供了条件。根据植物的季相变化，把不同花期的植物、不同叶色的植物或秋季观叶植物搭配种植，使得同一地点在不同时期能产生特有景观，给人们四季不同的感受，体会时令的变化。

▲ 草本植物组合构成主景

▲ 灌木类植物组合构成主景　　　（此图引自昵图网）

表现季节的更替是植物所特有的作用。植物的荣枯变化强调了季节的更替，特别是落叶植物的发芽、展叶、开花、结果、落叶的变化，使人明显地感到春、夏、秋、冬的季节变化。植物是自然活体，植物的生长所带来的景色变化是其它素材所不能替代的。

色彩缤纷的草本花卉也是创造观赏景观的好材料。由于花卉种类繁多，色彩丰富，株体矮小，园林应用十分普通。应用形式也是多种多样，既可露地栽植，又能盆栽摆放组成花坛、花带，或采用各种形式的种植钵，点缀城市环境，创造赏心悦目的自然景观，烘托喜庆气氛，装点人们美好的生活。

▲ 竹类植物园门两侧构成夹景

▲ 造型黑松湖中小岛丛植构成前景

▲ 小乔木与灌木组合构成夹景

▲ 上下左右植物构成框景

▲ 植物为亭廊添景

■■2.3.3 空间划分作用

　　建筑师是用砖、石、钢材、木料等建造房屋，而在园林植物景观营造中，景观师则是采用单株或成丛的园林植物来创造绿墙、棚架、拱门和拥有茂密植被的地面等形式以构筑游憩活动空间。

　　园林植物本身就是一个三维实体，是园林景观营造中组成空间结构的主要成分。枝繁叶茂的高大乔木可视为单体建筑，绿篱整形修剪后颇似墙体，各种藤本植物爬满棚架及屋顶，平坦整齐的草坪铺展形成柔质地面。因此，植物也像其它建筑、山水一样，具有构成空间、分割空间、引起空间变化的功能。

　　园林植物造景在空间上的变化，也可通过人们视点、视线、视境的改变而产生，"步移景异"的空间景观变化就是这个道理。园林植物景观营造中运用植物组合来划分空间，形成不同的景区和景点，通常是根据空间的大小、树木的种类与姿态、植物株数多少以及造景方式来组织景观空间的。

由于植物千差万别，不同的乔、灌、草相互组合，可以形成不同类型和感受的空间形式。利用植物进行空间营造主要有以下几种形式。

（1）开敞空间：植物所组成的空间，不阻碍游人的视线向远处眺望。

（2）封闭空间：植物所形成的空间，四周皆阻挡了游人的视线。

（3）半封闭空间：植物一面高于视线、一面则低于视线的空间形式，对外起引景的作用，对内起障景、控制视线的作用。

（4）覆盖空间：由乔木所组成的空间，其上部覆盖封顶，视线不可透，树冠交织构成天棚，但水平视线可透。

植物在园林景观中还具有空间划分的功能。用乔木或灌木密植成行形成绿篱。绿篱的主要功能是围定场地、划分空间、屏障或引导视线于景物焦点等。

▲ 植物覆盖空间

▲ 植物开敞空间

▲ 植物封闭空间

▲ 植物半封闭空间

▲ 植物半封闭空间

　　绿篱按植物的高度可分为矮篱（50cm以下）、中篱（50～150cm）、高篱（150cm以上）。如膝高(40～60cm)的植物列植成排，则有导向作用，可用于路沿的装饰和延伸，还可围定园地；腰高(100cm左右)的植物列植，可作交通的分隔带，夜间可遮挡来自对向车道刺眼炫目的灯光，保障交通安全；胸高（130cm左右）的植物列植，则有明显的分隔空间作用；植物高于视觉（150cm左右）的围合列植，则有被包围的私密空间感。高篱的用途是划分不同的空间，作屏障用，还可以形成半封闭式的夹景，也可作为雕塑、喷泉、景观小品的背景墙，形成自然与人工有机结合的植物景观。

　　一般高于150cm以上的常绿小乔木密植成绿墙就形成了遮挡视线的屏障。在规划空间时，还可以利用绿篱对一些不美观部位进行掩饰处理，达到扬长避短的目的。植物组合空间的形式丰富多样，其安排灵活、虚实透漏、四季有变、年年不同。因此，在各种园林景观空间（山水空间、建筑空间、植物空间）中由植物组合或植物复合的空间是最多见的。

　　在园林景观营造过程中，通过不同植物高低、疏密的灵活配置，可以形成阻挡视线、透漏视线、变换视线的观景形式，从而限制和改变景色的观赏效果，增强园林景观的整体性和层次感。视觉感观给我们带来的植物的机能效应，充分体现了植物配置的功能与目的。

▲ 高篱

▲ 中篱

▲ 矮篱

▲ 花篱

▲ 花篱（高篱）

■■■2.3.4 背景衬托作用

园林植物的枝叶呈现柔和的曲线，不同植物的质地、色彩在视觉感受上有着显著差别。园林景观中经常采用柔质的植物材料来软化生硬的几何式建筑形体，如基础栽植、墙角种植、墙壁绿化等形式。

园林景观建筑是固定的、不变的、生硬的，而植物是有生命的、变化的、生长的。因此，用植物的活力柔化景观建筑是景观营造中常用的手法。园林景观建筑包括亭、廊、楼、阁、舫、桥等，属于建筑硬质物体，如果没有植物的衬托会显得十分生硬而单调。植物可用在景观建筑的背景和衬托上，以植物立体空间的布局作背景，也可圈合与衬托景观建筑，让具有生命力的植物赋予景观建筑以活力，突出景观的整体形象，为园林景观添加活跃气氛，让环境更加柔和，充满生机。

景观建筑只有在景观植物中才会显现生机和活力，随着植物的生长及四季的变化，景观建筑也随之发生变化而增色。可以说，植物是打扮建筑的天使，它可以用它特有的形态、枝叶、花朵、果实、色彩等各种装饰元素来美化周围环境，衬托景观建筑。让景观建筑融于自然，融于美丽的植物丛中，让游客在漫步中观赏到忽隐忽现的景观效果，使景观视觉变得更有魅力。如何让植物与建筑和谐相处，融为一体是关键。在植物配置中必须遵循植物生长的自然规律，遵守科学规范，不能因栽植位置选择不当而影响到建筑的根基。

植物作背景和衬托作用可在建筑景观的背景与立面上做文章，或是在景观建筑的边角上加以衬托。在建筑周边栽植树木的位置一定要注意留有树木生长的足够空间。一般体形高大、立面庄严、视线开阔的建筑物附近，选用杆高枝粗、树冠开展的树种；在玲珑精致的建筑物四周，选栽一些枝态轻盈、叶小而致密的树种。现代园林中的雕塑、喷泉、建筑小品等也常用植物做装饰，或用绿篱做背景，通过色彩的对比和空间的圈合来加强人们对景点的印象，产生良好的烘托效果。

▲ 建筑立面植物装饰

▲ 植物背景衬托

▲ 墙角植物点缀

■■■2.3.5 装饰美化作用

在园林景观营造中除了以植物为主体的景观之外，其余大多数植物都是在做配角，常常起着装饰与点缀的作用。山石、河岸、桥边、景墙、亭、廊、楼、阁等边角都需要植物装饰点缀。植物的合理布局会使生硬的景观建筑像有了灵魂一样鲜活灵动起来，使整体环境更加美丽和谐，呈现出生机勃勃的景象。

在园林景观营造中以装饰为目的的植物配置场合很多，如在曲径通幽的小路边配植常绿的沿阶草，使小路像镶了一条绿色花边一样美观；在山石旁栽植一些花草灌木，像赋予山石以生命，顿时使生硬的山石有了活力；在白墙前栽一棵树姿优美的落叶树，阳光的照射使树姿投影在苍白冷清的墙体上，如同观赏一幅水墨画，富有诗情画意；在池塘间种植一些荷花、睡莲，在河岸边栽植一排垂柳和花木，倒影在水中像仙境一般迷人。这就是植物装饰的魅力所在，能使园林景观美上加美，美不胜收。

▲ 植物装饰点缀山石

▲ 紫薇盆栽（冬景）与景墙立体壁画

▲ 水生植物装点水面景观

▲ 植物装点水体景观

一般点缀都是栽植少量的植物而起到整体美的视觉效果。因此，点缀的栽植法是比较经济、美观、实用的造景方式，应该大力提倡。点缀是"画龙点睛"，绝不是"画蛇添足"，要学会恰到好处地布局配置，这就要求我们充分了解植物的生长习性以及成长成形的体量。比如只需要栽植一株小灌木来点缀，结果配置了一株生长很快的大灌木，一下子就变成了遮挡视线的障眼植物了，这就违背了我们的初衷，不能起到良好的效果。

植物形体大小、高低的不同，形成了林冠线的起伏变化，也改观了地形。如在平坦地种植高矮不同的树木，远观就能形成起伏有变的"地形"。若高处植大树、低处植小树，便可增加地势的变化。

▲ 植物装点美化建筑

▲ 庭园狭小空间植物点缀

▲ 植物装点柔化建筑

在堆山、叠石及各类水岸或水面之中，常用植物来美化风景的构图，起到补充和加强山水气韵的作用。亭、廊、轩、榭等建筑的内外空间，也需植物的衬托。所谓"山得草木而华，水得草木而秀，建筑得草木而媚"，这充分说明了植物造景的功效。

园林中的地表多数是用植物覆盖的，绿化植物是既经济又实用的户外地面铺装材料。此外，山间、水岸、庭园等不易组景的狭窄空间中，大多可以利用植物进行装饰美化。

▲ 植物立体装饰美化

03

植物造景的原则与法则

  园林植物景观营造不能简单地称为植树、绿化，而应该说是一门植树与艺术结合的科学。如何配置树木花草以求得最佳环境效果，必须遵循客观规律，尊重科学，熟悉植物的形态特征、生态习性以及美学原理，还要了解人们的行为活动和审美心理，并进行科学、合理、经济、美观的设计和配置，这就是园林景观专业人士应当遵守的基本原则。同时还要学会运用形式美、意境美等艺术法则，把植物的自然美与内在美完美地结合起来。

🌿 3.1 植物造景的基本原则

　　人类生存于自然，对大自然的热爱是人类的本性。大自然中的美无处不在，善待自然，与自然和谐共存，是人类美好的愿望。因此，我们在植物造景时要遵循生态性原则，充分体现自然美；同时还要考虑实用性原则、经济性原则、个性化原则等，科学、经济、实用、美观的植物配置，是园林景观营造发展的基本方向。

■ 3.1.1 整体性原则

　　园林景观的整体性是指对各种实体要素的创造均在统一的指挥棒下完成，从而形成完美、和谐的整体效果。没有对整体的控制和把握，再美的要素也都只是一些支离破碎或自相矛盾的局部。

　　园林植物造景的整体性原则就是要求从整体上确立景观的主题与特色，这是园林景观规划的重要前提。缺乏整体性规划的景观，也就变成毫无意义的零乱堆砌。

　　园林景观的整体特色是指景观规划的内在和外在特征。它来自于对当地的气候、环境等自然条件及历史、文化、艺术等人文条件的尊重与发掘。其不是随景观营造者主观断想与臆造的，更不是肆意吹捧的，而是要通过对景观功能、规律的综合分析，以及对自然、人文条件的系统研究，并在现代生产技术科学把握的基础上，提炼升华而创造出来的与人们活动紧密交融的景观特征。

　　园林景观的整体性首先应立足于自己的一方水土，尊重地域与气候，尊重民风乡俗。景观的主题与总体景观定位是一体化的，正是其确立的整体性原则决定了环境景观的特色，并有效地保证了景观的自然属性和真实性，从而满足了人们的心理寄托与感情归宿。所有这些心境的取得，都是景观营造的出发点，是站在整体性的高度解决营造中出现的问题，从而进行综合性的考虑和处理。

▲ 亚热带湿地公园植物景观

▲ 亚热带植物主题公园景观

▲ 热带植物主题公园景观

■ 3.1.2 生态性原则

　　植物是有生命的有机体，每一种植物对土壤、水分、光照、温度、移栽季节等生态环境都有其独特的要求。在植物景观营造中必须首先满足植物的基本生态要求。如果栽植的植物不能与种植地域的生态环境相适应，生长就会出现问题，或是生长不良或是不能存活。不了解这些，盲目地种植必然会带来经济上的惨重损失。比如阴性植物栽植在终日有阳光的环境下，炎夏时节必然会被阳光灼伤而枯死；相反，喜阳光的植物栽植在终日不见阳光的阴地上，植物则会出现萎靡不振、生长不良的现象。再如不耐水湿的植物种植于近水边或地下水位较高的河网地带，就会烂根死亡；不耐盐碱的植物栽植于沿海地区，就会因土壤含盐量过高而生长不良或枯萎；对有毒气体没有抗性的植物种植于化工厂区，就会因有毒气体的危害而生长不良或死亡。因为这些都违背了植物生长的最基本的自然生态法则，阻碍了植物的正常生长。可见，遵循植物生长的自然规律就是尊重科学。

▲ 高速公路旁选植耐干旱的植物（夹竹桃、水杉、意大利杨等）

　　将生态性原则纳入到园林景观营造中，反映了新时代人们对园林景观的迫切要求和理想。生态性原则是园林景观的核心，它最大限度地借助自然的力量，是基于自然系统的自我更新和再生，是可持续的景观艺术。

▲ 湿地水旁选植耐水湿的植物

　　因地制宜地选择树种，不仅可以保证植物生长的最佳环境，同时也是最经济、最实用、最美观的植物配置。适地适树的配置有利于植物健康生长，并且因植物生长苗壮、树木枝叶浓绿茂盛而美丽。在植物景观营造之前，首先要对景观地的环境条件进行调查和了解，包括温度、水分、光照、空气、土壤的酸碱度、地势的高低、栽植地的朝向等，在掌握第一手资料的基础上作综合性分析。根据造景地生态环境的不同，因地制宜地选择适当的植物品种，使植物本身的生态习性和栽植地点的环境条件基本达到一致，这样的方案才能最终得以实施。

　　园林植物景观营造应首选本土植物。任何植物都有它自身特有的生长环境，这种特有的生长环境就是植物在长期的生长进化过程中对周围环境形成的高度的适应性，这种适应性正是本土植物所具备的。本土植物是体现当地特色的主要因素，长期生长的本土植物对当地来说是适应性最强的，这种适应性包括了对土壤的要求低、生性强健、抗病虫害能力强、管理简单等特性。

　　因此，我们要充分保留造景地区域植物、文化的原生态性，尊重传统文化，吸收地方经验。同时要考虑当地的生态环境特点，对原有土地、植被、河流等要素进行保护和利用；另外就是要进行自然的再创造，即在人们充分尊重自然生态系统的前提下，发挥主观能动性，合理规划人工景观，就地取材，做到自然优先，这样才可能看到人工与自然完美结合的生态化景观。

▲ 沿海地区选植耐盐碱的植物（木麻黄等）

■ 3.1.3 经济性原则

　　经济性原则强调植物的自然适应性，做到适地适树。优先选择适应性强的本土植物，力求实现植物景观在养护管理上的简单化和经济性，尽量减少栽植水分和肥力消耗过高、需要大量人工管理的植物，以避免栽植后养护管理费时、费力、费钱等现象出现。

　　园林植物造景是以创造生态效益和社会效益为主要目的，但这决不意味着可以无限制地增加经济投入。我们依然要遵循经济性原则，提倡"经济、实用、美观"的理念，以本土植物为主，以管理简便为上，以最少的投入获得最大的生态效益和社会效益。例如，多选用寿命长、生长速度中等的树木，以延长景观的年限，减少重复工程；选择生性强健而粗放的耐修剪易管理的植物，以减少管理费用的投入；在地下水位高的区块选择耐水湿的植物，在沿海地区选择耐盐碱的植物，在化工厂等高污染的区域选择抗污染能力强的植物，这样可以减少植物的死亡，降低经济损失。

▲ 北方地区种植不耐寒植物，冬季养护费用高

▲ 移栽大规格树木，费时费力费财，且存活率不高

▲ 种植大规格树木，成活率不高，往往会造成一定的经济损失

▲ 灌木种植疏密适当，能降低单位面积的成本

　　在植物造景中，以片植为主的灌木群，还要考虑栽植间距的合理性，要想到栽植后的生长空间。如果栽植过密，不仅有碍于植物的正常生长，也会造成不必要的浪费。有时我们会看到一些工程项目为了追求"立竿见影"的效果，违背植物的生长规律，超出正常范围的高密度栽植，成倍的植物挤栽在一起，当时确实是出现了较好的效果，但没过多长时间，植物生长就出现了问题。植物因没有生长空间、密不通风、缺少水分而开始发黄枯萎，渐渐死去，造成了浪费。此外，还有一些工程项目移栽超大规格的树木，成本很大，成活率不高，也造成了很大的经济损失。

▲ 草本植物种植，留有生长空间，单位面积成本低

　　目前这种搞形式主义的现象依然存在，这种行为不是建设环境而是破坏了城市景观建设，给国家经济带来了损失。为此，坚守经济、科学的栽植原则是一种美德，不能为一时的"美"而浪费大量的人力、物力、财力。为改善城市环境，提高城市居民的生活质量，坚持植物造景的经济性原则是我们必须具备的基本素质和责任。

▲ 草本植物种植过密，提高了单位面积的成本

■ 3.1.4 实用性原则

园林植物本身是一个三维空间的实体，具有构成自然空间的机能，采用植物造景可以像建筑砌墙一样有明显的空间包围感。例如，将低矮的灌木排列栽植成绿篱，与空间垂直的树木自然起到了分隔空间的作用；树冠绿叶浓厚的伞形树木，经过修整的树冠顶面构成了覆盖式空间，就像用自然树木构造的凉亭。

园林植物是生长的、变化的，因而富有动态之美。在植物造景时要考虑栽植后的生长空间，不能盲目配置。还要考虑常绿树与落叶树以及灌木群的有机结合，否则植物的动态之美会因配置不合理而失去。我们在植物造景时要学会发挥各种植物的优势，如在一年四季都需要遮荫的环境，那么首选是常绿阔叶树；如果在住宅朝南方向的窗前栽植树木，一般要考虑夏天可以遮阳、冬天可以采光的问题，那么首选一定是观赏价值高的落叶花木。在窗前栽植落叶花木，既可以观赏到树木在一年四季中的色彩变化，又有夏凉冬暖的功能效果。

▲ 广场种植高大乔木利于夏季活动人群庇荫

园林植物可以用作城市街道的交通分隔带，但如果植物的大小配置不当，也会给交通带来不便，甚至会酿成交通事故。如在转弯路口栽植密不通风的植物，遮挡了视线，在驾驶员与过路人相互看不见的情况下，很容易发生交通事故。这就是在植物配置时，违背了植物的实用性原则，没有注意到植物配置的不合理所带来的后患。

▲ 车道转弯处10m左右绿地内只能栽植低矮植物

▲ 高大行道树夏季遮阳效果好

园林植物造景的实用功能还有很多，如夏天人们喜爱在树荫下走路，可以考虑栽植遮阳的行道树为大家提供方便。植物的实用功能，除了可以遮阳散热外，还可以做绿色屏障，遮挡不雅景观等。总之，植物造景的实用性原则是营造人性化生态环境的基本原则。

■ 3.1.5 个性化原则

园林植物在美化环境中有它自身的个性美感，也有其组合为群体的整体美感。多年来，植物的配置大多按照传统的方式即绿化的原则去栽植，并没有从艺术的角度出发考虑如何利用植物的形态、色彩、质地、花季、果季等自然特色去营造植物景观。简单而盲目的植树绿化，带来的结果就是大同小异，到处是似曾相识的面孔。特别是城市街景，初次来这里的人，若没有明显的建筑特征或特大的商业广告标识的帮助，往往会迷失方向，带来辨认的困扰。这种状况是因为没有很好地运用植物构景的基本元素，没有充分发挥植物的形态特征与色彩个性，使城市绿化景观陷于一种单调的同类化状况的结果。

▲ 热带椰树街道景观

整体而富有变化的植物景观可给人们留下较强烈的印象。园林植物的个性化配置，可以塑造街道的个性化风貌，这不仅为人们识辨街道、方向带来方便，还可以为城市街道增添色彩丰富的风光带。打造城市景观要注重树木个性化街景，如雪松的街景、香樟的街景、桂花的街景、银杏的街景、枫香的街景、悬铃木的街景、梧桐的街景、栾树的街景、樱花的街景等。每一种树木在统一的排列下可形成带有个性的美丽色带，树木的色带下方还可以配置一些相宜的色彩灌木群。这种带有强烈色彩特征和形态特征的树木重复列植，可形成翠绿色带、浅绿色带、金黄色带、橙黄色带、橘红色带、洁白色带等，这就充分发挥了植物的个性色彩美，极大地丰富与美化了城市街道景观。

▲ 温带水杉园路景观

▲ 亚热带广玉兰园路景观

▲ 亚热带毛竹园路景观

▲ 温带枫香园路景观

所谓景观的地域性，一方面是指在一定的时间与空间范围内，某一地域内景观因受其所在地域自然条件和地域文化、历史背景等特定因素的关联，而表现出有别于其它地域的特性。另一方面，是指它在设计上吸收本地的、民俗的风格以及本区域历史所遗留的种种文化痕迹。由于世界上各区域气候、水文、地理等自然条件不同，形成了各具特色的地域特征，也形成了丰富多彩的人文风情和地域景观。在地域上，有的以山岳为主，有的以海洋为主，有的以森林植被为主，北方和南方差别悬殊。在景观营造时应根据自然规律创造出具有地方特色、个性鲜明的景观类型。

🌿 3.2 植物造景的艺术法则

完美的植物景观必须是科学与艺术两者的高度统一，既要满足植物与环境在生态适应上的和谐统一，同时又能艺术地表现植物的个体及群体的美感特征，让人们在自然生态环境中欣赏到真正的自然美。

园林植物造景的艺术美感是基于植物的形态、色彩、观赏价值等之上的。形与色是构成传达视觉美感的基本元素，将形式美艺术法则运用到植物的配置上，是艺术配置的主要方法。如对比、调和、对称、均衡、韵律，多样化的统一，统一中求变化等。坚持形式美艺术法则的植物配置，才有可能营造出人们喜闻乐见的优美的植物景观。

园林植物景观可以给人们带来五官及心理等方面的美感，包括视觉美、触觉美、嗅觉美、听觉美、意境美等。这些美感隐藏在植物景观的构成元素中，建立在植物景观的艺术构成中。选用什么样的植物，直接关系到植物配置的成功与否。不同植物以及不同的配置方式，展示的环境气氛也大不相同。比如要营造一个"鸟语花香"的环境，首先在植物选择上要想到招引鸟儿的果树有哪些，其次是一年四季花开不断的植物有哪些，找到了这些基本素材后再加以合理的美化和搭配，才能实现鸟语花香的理想景观环境。

▲ 植物分隔景观空间

在植物景观营造时，还要根据空间的大小、树木的种类与姿态、株数的多少及配置方式，巧妙地组合植物，充分利用植物的形态来组织空间，让其组成美丽的景色画面。园林植物是景观中的重要组成部分，因此常常在园林景观当中扮演不同的角色。园林植物与景观建筑小品、水体、山石等配置时，植物是起衬托作用的，一定不要喧宾夺主；如果是植物在景观中扮演主角，那就以植物为主进行组景。

此外，在植物配置时还必须注意到与环境相呼应和相协调的关系，在统一和谐中寻求变化之美，这样的植物配置在景观环境中才能显现出整体的美感特征。

▲ 植物与山石组合成景

▲ 乔灌草组合成景

▲ 植物组织景观空间

■ 3.2.1 统一与变化

　　统一即调和、和谐、统调，变化即转换、求变、变调。统一与变化在植物造景中是经常遇到的一对矛盾。处理得好就能使统一与变化达到完美，反之则是一团糟。植物造景的形式美法则就是统一中求变化，在大统一中追求小变化。在植物造景中单一地追求统一，会使环境产生单调无趣的视觉感，会使人感到枯燥。就像人每天吃同一种菜肴，口味毫无变化一样，心理感受是很不舒服的。因此，在统一中求变化，实际上是为了调节视觉。如果我们把这对矛盾反过来强调变化的话，那么过多的变化也会搅乱环境的视觉效果，失去了统一而感到杂乱无章。如何处理好统一与变化这对矛盾？关键在于把握好两者之间的度。

　　统一有形式的统一、形态的统一、色彩的统一、质感的统一、手法的统一等。植物景观是以植物为主要构成元素的统一设计。统一是以形成一个相对完整的、和谐的环境气氛为目的的，追求一种相同或相似的整体设计。植物景观营造中把相同与不同的要素，通过形态、色彩、机理等不同元素的组合布局，使视觉达到和谐悦目的完美。统一与变化往往是在处理主与次的关系上强调主要、主体；而次要、辅助都是起衬托、点缀作用是为了突出整体美感，而不是喧宾夺主。

▲ 公园行道树高度的统一

　　植物景观营造中体现统一与变化的内容很多，如城市街道的行道树配置，排列在路边的常绿阔叶乔木的树高接近，树种单一，栽植整齐而体现统一。变化上的处理，如在绿色乔木下配植整齐的金叶女贞，形成了色彩上的统一与变化的关系。无论从植物的栽植空间还是立面来讲，都是大面积的阔叶树的绿色为主，金叶女贞的黄绿色为辅，体现了统一与变化的恰当之比，因而使人感到整齐美丽。随着初夏季节的到来，金叶女贞还会开出一串串小白花，更增添了统一中的变化之美。

▲ 公园景观植物形态的统一

▲ 私家庭园植物色彩的统一

▲ 公园植物高中低色彩的变化

■■■3.2.2 调和与对比

古希腊的数学家裴安说：和谐是杂多的统一，不协调因素的协调。

所谓调和，就是把相近或相关的要素组合起来而形成和谐气氛，表现了多样化的统一。调和即协调、和谐、平和、没有冲突。调和的心理效果是柔和的、安宁的、平静的。

所谓对比，就是把不同的或两种矛盾的对立要素并列在一起产生出相互矛盾、冲突、不和谐的视觉感受。对比即冲突、强烈、撞击、反差大，表现的是不协调的关系。如树木大小对比、高低对比、远近对比、色彩对比、面积对比、多少对比、空间大小对比、空间的虚实对比等。通过对比反差，强调与突出物体特征，追求变化，使突显的物体更加鲜明。但有时在植物配置中对比并非都是强烈的，如远近虚实景对比，使虚实出现距离层次，实景具有实在厚重之感，虚景有轻松飘逸之感，两者结合却产生了虚实相间、富有层次的和谐风景。这是由于植物的自然特性和空间环境的空旷深远，令对比减弱，使空间距离产生了美感。

▲ 公路边绿化植物色彩的对比

调和可以达到美，对比也能产生美。但是过分的调和会单调枯燥，显得苍白无力；过分的对比也会让人眼花缭乱，带来视觉上的紊乱和心理上的不安。无论是调和还是对比，我们都应具体情况具体对待，不可随意乱用。比如医院的环境需要宁静、柔和、自然、舒适，这是出于病人的心理需要。因此，在植物造景中可以多运用调和的手法，尽可能把环境打造得自然和谐、美丽温馨，让病人在自然的植物环境中漫步休息，呼吸到自然清新的空气，观赏到色彩柔美的花朵，闻到沁人肺腑的花香。为病人提供一个使身心能得到较快康复的自然环境，这就实现了植物造景的真实意义。

▲ 公园地被草花色彩的对比

植物造景不是千篇一律的模仿，调和与对比也不是随意乱用的，要有针对性，只有把调和与对比运用得恰到好处，与实用相结合，才会产生符合大众审美心理的美丽环境。

如何巧妙地运用对比与调和的形式？能否处理好两者的相互关系，这关系到植物造景的成功与否。大调和、小对比是一条重要的形式美法则。我们可以在人们描写美景时的语句中感受到这一法则之美。如"万绿丛中一点红"指的是色彩、面积的大小对比；"万紫千红"则是量的对比。这些话语展现在人们的眼前是十分美丽的画面，充分体现了对比与调和之间的尺度在运用中所产生的视觉美感，值得我们在植物造景中借鉴和运用。

▲ 园路绿化色彩的对比与调和

▲ 公园景观植物形态及色彩的对比与调和

■ 3.2.3 对称与均衡

对称与均衡有着平衡与安定感的共同特点。对称有指轴线两侧的物体完全相同的对称，也有指轴线两侧的物体不完全相同的对称或是两侧物体有大小区别、支点偏移而产生的平衡。这种两侧物体不同且以支点偏移的平衡称作均衡。

对称，分为完全对称和不完全对称。对称在植物造景中用得很广泛，对称栽植体现最多的是行道树的栽植。对称与均衡相比，对称的视觉感比较严肃、庄重、规整、单纯、有条理，而均衡则显得活泼、轻快、优美、有动感、富有变化。对称具有安定感，均衡具有活泼感。对称单靠视觉就能获得，均衡不像对称那么一目了然容易判断，需要靠视觉感受才能体验到。如形状、色彩、体量、轻重等是靠视觉来感受体验衡量的，并不是靠量化的标准来衡量的。

▲ 公园景观植物的对称与均衡

对称在植物造景中经常使用，我们在身边环境中也可随时看到。如一些学校、单位的大门入口处，常配置对称的花坛或花钵，其大小、形态、植物均是一样的。均衡在植物造景中也时常可见，比如在大小树的配置时，一大两小的栽植法就是典型的均衡手法。

对称均衡与失去平衡对人们的视觉感受和心理作用是不一样的，前者是安定的，后者是不安定的。如果把正常的平衡关系打破，大多数人都会不自觉地感到有失控感，因失去了平衡而产生担心、忧虑，也可以说这是一种悬念，在植物造景中也会有使用。

对称与均衡的艺术法则在植物造景中应用是比较多的，如道路两旁的树木列植、植物的大小配置等，都少不了运用对称与均衡的手法。我们可以针对具体情况灵活机动地加以运用。只有掌握其特征，这样才能营造出宜人的视觉效果和心理感受。

▲ 园路两侧景观植物的对称与均衡

▲ 园路两侧景观植物的对称与均衡

▲ 行道树的对称与均衡

■■ 3.2.4 节奏与韵律

提起节奏与韵律，一般人们都会联想到音乐。其实节奏与韵律并不是产生于音乐，而是产生于自然。节奏与韵律就在我们的生活中，可以说生活中无处不在。最直接的例子，如我们心脏的跳动是有节奏的，我们每天行走跑步也是有节奏的，还有海潮的时起时落拍打沙滩声、钟表秒针的嘀嗒走动声、飞禽翅膀有规律的扇动节奏、寺院里的钟声，演出中的击鼓声等，都体现了各种各样的节奏。虽然各个运动的节奏快慢不一样，但都是以速度相等的节拍重复往返来体现的。除了生活中的运动节奏与韵律外，还有视觉形象上的节奏与韵律。如投一石子入河，泛起了一圈套一圈的涟漪；树木的年轮；植物的叶序；玫瑰花的花瓣由小至大地层层怒放；山峦的有起有伏；还有通过透视原理产生的视觉渐变效果，由大变小远去的节奏等，都体现了形状上的节奏和韵律。

▲ 公园植物天际线高低变化的韵律

▲ 公园背景树高低变化的韵律

据说韵律来源于希腊语"流动"，是在流动的运动中加以某种组织化和统一作用的活动而形成的，也就是说韵律是运动中的秩序。节奏可以理解为相等或同形式的反复出现，韵律则是在一定范围中表现自由变化的格调，也有在重复节奏的基础上出现突变而产生的韵律，就像我们在绘画中常常会用"破调"来处理画面的沉闷感一样。所谓韵律，就是在节奏的基础上产生了变化，如节奏快慢、强弱、高低、起伏的重复而产生了不等而又协和的韵律。相比之下，韵律比节奏活泼自由、丰富而有变化；节奏则是规整、严谨、重复的表现。

▲ 公园背景树高低变化的韵律

▲ 行道树下方地被植物变化的韵律

在植物造景中常用的节奏和韵律的表现手法有：连续重复的布局即连续的节奏（一个单元型的反复出现）；逐渐增多或减少的变化布局即渐变韵律（递增或递减的变化）；交错变化的布局即交错韵律（如单元的交错、高低的交错、色彩的交错等）；高低起伏的布局即起伏韵律（如树木的高低形成有规律的起伏韵律）。重复节奏是同样单位的反复出现，其特点是有秩序感，规整统一，因此视觉效果上给人们一种宁静幽雅的气氛。在植物景观中利用重复节奏的例子很多，如我们熟悉的街道景观，尽管是同等体量的乔木与灌木组合的重复出现，但产生的视觉效果则是渐变的、有节奏的，乔木与灌木的高低形成了韵律。这是因为在室外三维空间中，人们的视觉在透视原理下发生了变化，使单调的节奏变得富有渐变的韵律之故。

■ 3.2.5 内容与形式

内容与形式的统一在植物景观营造中容易被疏忽，实际上每一个植物景观都有它特定的环境内容，环境内容是我们决定造景形式的依据。如营造小学的植物景观，首先要考虑到符合小学校园的环境内容，符合小学生的审美要求。小学生的身高决定了视点要比较低，因此，在植物配置时多考虑以灌木、花草地被为主。为营造活泼的气氛，多栽植一些花朵鲜艳、叶片奇美、香味扑鼻以及一些昆虫喜爱的植物，这样容易引发孩子们对大自然的关注与喜爱。从小培养热爱大自然、关爱大自然的美德，提高生态环境的保护意识。大学校园的环境气氛与要求则不同，大学校园需要营造有利于学习的宁静而素雅的植物环境。大学生已是成年人，自学能力强，往往喜欢在安静的自然环境中阅读、思考、散步。高大的树荫、大片的草坪、四季变化的植物景观都是大学生们喜爱的。

再如政府部门的庭园和游乐公园有着两种完全不同性质的内容。一个是严肃的政府办公环境，另一个是市民游乐场所，不能混为一谈。两者的环境内容不一样，植物造景的形式上也要有明显的区分。政府部门的植物环境不能像公园那样百花齐放、百蝶纷飞，那样给人的感觉像是走进了公园而不是政府办公的地方。更重要的是，这种表面喧闹的形式容易引起人们对政府部门产生办事浮夸的连带印象。这就是因内容与形式的不统一而产生的错觉。一般政府部门的环境以自然、大方、庄重、严谨的风格为基准，因此选择的植物一般是以高大挺拔的针叶树、常青树为主，配置方法比较规整统一，简洁朴实。若用五颜六色的鲜花装扮政府庭园环境那是极不协调的，有失政府机构的整体形象，甚至会影响到人们对政府部门办事的信任度。可见，内容与形式的统一是至关重要的，破坏了内容和形式的统一，那就失去了美感。我们强调内容和形式的统一就是强调整体美感。

▲ 大学校园景观（树林与草坪）

▲ 大学校园景观（树林与草坪）

▲ 公园植物景观（植物色彩丰富）

▲ 政府办公楼景观（植物色彩素雅）

■■ 3.2.6 比例与尺度

　　比例与尺度的艺术法则在园林中是指景物在体形等方面上具有适当美好的关系，这种关系不一定用数字来表示，而是属于人们感觉上、经验上的审美概念。比例一般只反映景物及各组成部分之间的相对数比关系，而不涉及具体尺寸；而尺度则是指景物具体尺寸的大小。

　　在植物景观营造中，首先要注意植物本身尺度与周围环境的比例关系。如在庞大的建筑物旁边，可以种植高大的乔木，使比例关系协调，并且使建筑物与自然环境更好地融合在空间比较小的绿化环境中。又如酒店中庭的景观营造，常选择一些形体较小、质感较为细腻的小乔木

▲ 高大建筑物旁种植高大乔木

▲ 高大建筑物旁种植高大乔木

▲ 公园假山配植低矮灌木和藤本植物

▲ 公园水景区种植低矮的水生植物

▲ 公园主景区种植高大乔木

▲ 公园主景区种植高大乔木

和灌木进行配置，使整个环境小而精致、虽小却不拥挤，使比例关系协调。在假山的植物配置时，要求植物的形体较小、枝叶较小，且是慢生树种，如五针松、羽毛枫、南天竹等小型乔灌木，以及一些枝叶较小的藤本植物，如络石、薜荔、迎春、云南黄馨、凌霄等，以植物的小来衬托假山的大。其次要注意植物本身的尺度是否符合园林绿地功能的要求。如交通绿地中的行道树要求其枝下高在2m以上，不影响行人及车辆通行；遮荫树要求树体高大，可让人在树下乘凉等。

▲ 街道行道树分枝高度要求在2米以上，行人不会碰头

▲ 庭荫树要求树高冠大，遮阳效果好

▲ 假山边宜栽植低矮的灌木，以衬托假山的高大

▲ 酒店中庭以栽植小乔木为主，采光效果好

04

植物造景的形式与手法

　　园林植物景观的营造，不是简单的形态和色彩的组合，而是一项复杂系统的工程。不仅要考虑植物的生物学特性，还要考虑植物的生态习性、空间的竞争和群落的演替变化等。在具体的造景过程中要充分考虑乔灌草的生长快慢、体量大小、寿命长短对园林景观构图的影响，还要把植物景观与建筑景观结合起来，把平面布局与立面布局结合起来。只有这样才能不拘泥于简单、平淡的配置形式，才能真正体现植物景观应有的魅力，让美的形式与我们的生活环境相融合。

🌿 4.1 植物造景的基本形式

园林植物造景的基本形式是植物景观营造的核心内容，我们可以在成百上千的植物范围内发挥最大的能力，挖掘并表现植物的各种美，构造出不同风格的植物景观。根据植物造景形式的主要特征，其大体可分为规则式造景、自然式造景和特殊形式造景三大类型。

规则式造景的特点是植物按固定的方式排列，具有一定的株行距，景观效果整齐、严谨、大方。其主要形式有对植、列植、篱植等，在园林景观中是比较常见的。

自然式造景是园林中最常用的方式，其特点是没有固定的排列方式和一定的株行距，景观效果自然、活泼、参差有致。其主要形式有孤植、丛植、群植、林植等。在艺术构图上，自然式造景能体现自然植物群落的天然之美，具有生动的节奏变化。

花坛、花台、花钵、花架是规则式造景的特殊形式，花境是自然式造景的特殊形式，立面造景、植物造型等是现代园林发展的新兴产物。这些特殊造景形式极大地丰富了园林景观，造景应用将越来越普及。

■ 4.1.1 孤植

孤植是指乔木或灌木的单株种植形式，它是中西方园林中广为采用的一种自然式种植方式。在园林景观的功能上，一是单纯作为构图艺术上的孤植树；二是作为园林中庇荫和构图艺术相结合的孤植树。

孤植的特点是单独树种的栽植，周围没有同样的树种，视觉集中、醒目，因此要求有较高观赏价值。有时为了突出孤植树木的特性，常常会在孤植树的周围栽植一些陪衬的灌木和花草，以此提高孤植树木的观赏性。但有时为了构图需要，同一树种的树木两株或三株紧密种植在一起，以形成一个单元，其远看和单株栽植的效果相同，这种情况也是属于孤植。

孤植树主要表现植株个体的特点，突出树木的个体美，如优美的树形、美观的叶片、鲜艳的花朵、悦目的果实等。因此在选择树种时，孤植树应选择那些具有枝条开展、姿态优美、轮廓鲜明、生长旺盛、成荫效果好、花果色彩鲜艳、寿命长等特点的树种。如雪松、云杉、白皮松、香樟、广玉兰、榕树、柚、枇杷、银杏、悬铃木、枫香、槐树、乌桕、无患子、枫杨、七叶树、柿树、元宝枫、鸡爪槭、红枫、梅花、樱花、紫薇、石榴等。在园林景观中，孤植树的数量虽然不多，却有相当重要的作用。

孤植树在园林景观中常常成为视觉的焦点。种植的地点要求比较开阔，不仅要保证树冠有足够的空间，而且要有比较合适的观赏视距和观赏点，让人们有足够的活动场地和恰当的欣赏位置。最好还有如天空、水面、草地等自然景物作背景衬托，以突出孤植树在形体、姿态等方面的特色。庇荫与艺术构图相结合的孤植树，其具体位置的确定，取决于它与周围环境在整体布局上的统一。最好是布置在开敞的大草坪之中，但一般不宜种植在草坪的几何

▲ 孤植（香樟）

中心，而应偏于一端，安置在构图的自然重心，与草坪周围的景物取得均衡与呼应的效果。孤植树也可以配植在开阔的河边、湖畔，以明朗的水色做背景，游人可以在树冠的庇荫下欣赏远景或活动。孤植树也可以与道路、广场、建筑相结合，透景窗、洞门外也可以布置孤植树，成为框景的构图中心，孤植树下斜的枝干自然也成为各种角度的框景。孤植树也可作诱导树，种植在园路的转折处或假山的蹬道口，以引导游人进入另一景区。如在较深暗的密林作为背景的条件下，宜选用色彩鲜艳的红叶树等具有视觉吸引力的树种。孤植树还可以配植在公园前广场的边缘，或人流少的区域，以及庭园院落等地方。

▲ 孤植（榕树）

孤植树作为园林构图的一部分，不是孤立的，必须与周围环境和景物相协调，即要求统一于整个园林构图之中。如果在开敞广阔的高地、草坪、山岗或水边栽种孤植树，所选树木必须特别巨大，这样才能与广阔的天空、水面、草坪有差异，才能使孤植树在姿态、体型、色彩上有所突出。在小型林中草坪、较小水面边缘以及小院落之中种植孤植树，其体型必须小巧玲珑，可以应用体型与线条优美、色彩艳丽的树种。在山水园中的孤植树，必须与假山石协调，树姿应选盘龙苍古状的，树下还可以配以自然的卧石，以作休息之用。

园林植物景观营造还需要注意利用原地的成年大树作为孤植树，如果绿地中已有数十年或上百年的大树，必须使整个公园的构图与这种有利条件结合起来。如果没有大树，则可利用原有中年树（10~20年生的珍贵树种）为孤植树，这也是有利的。另外值得一提的是，孤植树最好选用乡土树种，可望树茂荫浓，生长健壮，寿命长，景观效果久远。

▲ 孤植（广玉兰）

4.1.2 对植

对植是指用两株或两丛相同或相似的树木，按照一定的轴线关系作相互对称或均衡的种植方式。其主要用于公园、建筑、道路、广场的出入口，同时结合庇荫和装饰美化作用，在构图上形成配景或夹景。与孤植的作用不同，对植很少作主景。

对称栽植视觉效果比较平和、安定、规整，主要用在规则式的园林中。在构图中轴线两侧，选择同一树种，且大小、形体尽可能相近，与中轴线的垂直距离相等。如用于公园建筑主入口两旁，或主要道路两侧，以求安定感和周边环境的协调。

在规则式种植中，利用同一树种、同一规格的树木依主体景物轴线作对称布置，两树连线与轴线垂直并被轴线等分，这在园区的入口、建筑入门和道路两旁是经常运用的。规则式种植中，一般采用树冠整齐的树种，而一些树冠过于扭曲的树种则需使用得当。

▲ 餐馆门前叶子花（造型）对植

种植的位置既要不妨碍交通和其他活动，又要保证树木有足够的生长空间。一般乔木距建筑墙面要有5m以上的距离，小乔木和灌木可酌情减少，但也不能靠得太近，至少要间隔2m。

在自然种植中，对植不一定是完全对称的，但左右仍是均衡的，即拟对称种植。构图中轴线两侧选择的树种相同，但形体大小可以不同，与中轴线的距离也可以不同，但求视线感觉上的均衡。因此，对植并不一定是一侧一株大树，另一侧配一个树丛或树群。在自然式园林的入口、桥头、蹬道的石阶、河道的进口、闭合空间的进口、建筑物的门口，都需要对植式的入口栽植或诱导栽植。

▲ 居住区出入口紫薇对称栽植（夏景）

自然式对植是最简单的形式，只要与主体景物的中轴线支点取得均衡即可。在构图中轴线的两侧，可用同一树种，但大小和姿态必须不同，动静要与中线支点取得均衡关系。在构图中，与轴线的垂直距离，大树要近，小树要远。自然式对植也可以采用树种相同而株数不相同的配植，如左侧是一株大树，右侧为同一树种的两株小树，也可以两边是相似而不相同的树种，或是两种树丛。树丛的树种必须相似，双方既要避免呆板的对称形式，又要具有对应关系。对植树在道路两旁可构成夹景，如利用树木分枝技术或适当加以培育，就可以构成相依或交冠的自然景象。

■ 4.1.3 列植

列植是指乔木或灌木按一定的株行距成行成列地种植，株距相等或在行内株距有变化。行列栽植形成的景观比较整齐、单纯、气势大，是规则式园林绿地如道路、广场、工矿区、居住区、办公大楼绿化应用最多的基本栽植形式。行列栽植具有施工简单、管理方便等优点。

对植的延续栽植就形成了对称式的列植，如街道的行道树大多数是两边对称的列植。行列式的栽植间距小则形成了绿篱的形态；间距大且相间中又栽了棵小树，列植就会形成高低错落的排列韵律。单一树种的排列显得比较整齐安定，多树种的排列更显得丰富有韵味。

▲ 意大利杨多行列植（夏）

植物成排成行，并有一定的株行距，可以是同一树种的单行栽植，也可以是多树种的间植，或多行栽植，多用于栽植道路两旁林带或绿篱等。其树种的选择，乔木多选择分支点较高、耐修剪的树种，间植多选择灌木或花卉，以求形体和色彩上的丰富。

行列栽植宜选用树冠体形比较整齐的树种，如塔形、圆形、卵圆形、倒卵形、圆柱形等，而不选枝叶稀疏、树冠不整齐的树种。行列栽植的株行距，取决于树种的特点、苗木规格和园林用途等，一般乔木采用3~8m，甚至更大，而灌木为1~3m，过密就成绿篱了。

在行列栽植时，要处理好与其它因素的矛盾。行列栽植多用于建筑、道路、广场、上下管线较多的地段。行列栽植与道路配合，可起到夹景作用。行列栽植的基本形式有两种：一是等行等距，即从平面上看是成正方形或品字形的种植点，多用于规则式园林绿地中；二是等行不等距，即行距相等，行内的株距有疏密变化，从平面上看是成不等边的三角形或不等边四边形，可用于规则式园林或自然式园林局部，如路边、广场边、水边、建筑物边缘等，株距有疏密、有变化，也常应用于规则式栽植到自然式栽植的过渡带。

▲ 栾树、香樟列植（夏末）

▲ 悬铃木、香樟列植（冬）

4.1.4 篱植

篱植是行列栽植的特殊形式，即株行距很小、密度很大。根据篱植修整定形高度的不同，分为绿篱和绿墙两大类型。绿篱根据高度的不同，具体可分为矮篱、中篱、高篱。一般高度在60cm以下，即人们可以毫不费力一跨而过的绿篱，称为矮绿篱或矮篱；高度在60~100cm，人们需要比较费力才能跨越过去的绿篱，称作中绿篱或中篱；高度在100~150cm，人的视线可以通过，但其高度是一般人所不能越过的绿篱，称为高绿篱或高篱。绿墙的高度一般在人眼（约150cm）以上，能完全阻挡人们视线的通过，常采用桧柏、珊瑚树、椤木石楠、红叶石楠、四季桂等小乔木类树种，因此也称为树墙。

1. 绿篱的功能

围护与导游作用 在园林绿地中，常以绿篱作防范的边界。例如采用刺篱、高篱或绿篱内加铁丝的方式，能起到一定的防范作用；绿篱还可用作组织游览路线。

分隔空间与屏障视线 园林绿地的空间有限，往往又需要安排多种活动用地。因此为了减少互相干扰，常用高篱或绿墙进行分区和屏障视线，以便分隔不同的空

▲ 高篱（红叶石楠）

间。屏障视线功能最好采用常绿树种，组成高于视线的绿墙。如把儿童游戏场、露天剧场、运动场等与安静休息区分隔开来，这样可以减少互相的干扰。局部规则式的空间，也可运用绿篱隔离，这样对比强烈、风格不同的布局形式可以得到缓和。

作为规则式园林的区划线 采用中篱作分界线，以矮篱作花境的边缘或花坛和观赏草坪的图案花纹。装饰性矮篱选用的植物一般有瓜子黄杨、雀舌黄杨、小蜡、大叶黄杨、金边大叶黄杨、金叶女贞、金森女贞、红花檵木、洒金千头柏、龙柏的幼苗等。其中以雀舌黄杨最为理想，因其生长缓慢，别名千年矮，图纹不易走样，景观效果比较持久。

作为喷泉、雕像、花境的背景 园林景观中常用常绿树修剪成各种形式的绿墙，作为喷泉和雕像的背景，其高度一般要与喷泉和雕像的高度相称，色彩以选用没有反光的暗绿色树种为宜；作为花境背景的绿篱一般采用常绿的高篱或中篱。

美化挡土墙 在各种园林绿地中，为避免挡土墙立面的枯燥，常在挡土墙的前方栽植绿篱，以便把挡土墙的立面美化起来。

▲ 矮篱（金叶女贞）

栽作色块、色带 色块、色带是绿篱的扩大化，宽度比一般绿篱更大一些，且宽度不一定是均匀的，植物的栽植密度与绿篱相同。色块、色带可以是单个灌木构成，也可以是多个灌木组合而成。色块的形状可以是规则的几何形，如四方形、长方形、圆形、椭圆形等，也可以是自然曲线形，需根据景观环境合理选择色块图形。色带以自然曲线形为主，其宽窄随设计纹样而定，但宽度过大将不利于修剪操作，造景时应考虑工作小道。在大草坪和坡地上可以采用不同色彩的观叶木本植

▲ 多个品种色带（金叶女贞、红花檵木等）

物，以灌木为主，如大叶黄杨、瓜子黄杨、小叶女贞、金叶女贞、金森女贞、金边大叶黄杨、红花檵木、紫叶小檗等，组成有气势、尺度大、效果好的纹样。如大型立交桥的绿岛，常由宽窄不一的中篱、矮篱组合成不同图案的纹饰。

■ 2. 绿篱的类型

根据功能与观赏特征的不同，绿篱可分为常绿篱、落叶篱、花篱、果篱、刺篱、蔓篱与编篱等。

常绿篱 由常绿植物组成，为园林景观中最常用的绿篱。常用植物有桧柏、龙柏、洒金千头柏、罗汉松、珊瑚树、椤木石楠、红叶石楠、四季桂、蚊母树、海桐、大叶黄杨、金边大叶黄杨、金森女贞、红花檵木、小蜡、瓜子黄杨、雀舌黄杨、六月雪、凤尾竹等。

落叶篱 由落叶植物组成，在东北、华北、西北地区

▲ 常绿篱（珊瑚树）

比较常用。常用植物有迎春、金钟花、连翘、郁李、榆叶梅、小檗、紫叶小檗、金叶小檗、丝绵木、紫穗槐、圣柳、雪柳等。

花篱　由观花植物组成，是园林中比较精美的绿篱或绿墙。常用植物有四季桂、含笑、茶梅、杜鹃、栀子花、小叶栀子花、六月雪、金丝桃、迎春、云南黄馨、木槿、矮紫薇、锦带花、金钟花、连翘、郁李、珍珠梅、麻叶绣球、粉花绣线菊、多花蔷薇等；其中具有芳香的花木用作花篱，尤具特色。

果篱　有一些绿篱植物在果实长成时具有观赏价值，且别具风格。如枸骨、无刺枸骨、火棘、南天竹、枸橘等。果篱以不规则整形轻度修剪为宜，若修剪过重，则结果量减少，将影响观赏效果。

▲ 花篱（杜鹃、多花蔷薇）

▲ 刺篱（枸橘）

刺篱　在园林景观中为了安全防范，常采用带刺的植物作绿篱。常用植物有枸橘、枸骨、椤木石楠、花椒、黄刺梅、蔷薇、小檗等；其中枸橘用作绿篱有"铁篱寨"之称。

蔓篱　为了在园林或住宅大院内起到防范与划分空间的作用，通常构建竹篱、铅丝网篱或木栅栏，同时栽植藤本植物。常用植物有紫藤、凌霄、藤本月季、野蔷薇、常春藤、金银花、茑萝、牵牛花等。

编篱　为了增强绿篱的防范作用，避免游人或动物穿行，有时把绿篱植物的枝条编结成网格状。常用植物有木槿、杞柳、紫穗槐、小蜡、小叶女贞、金叶女贞、金森女贞、大叶黄杨、海桐等。

▲ 蔓篱（藤本月季）

■ 3. 篱植的密度

绿篱的种植密度根据使用的目的性、所选树种、苗木的规格和种植地带的宽度而定。一般绿篱的株行距为20~30cm，双行式或多行式绿篱成三角交叉排列；绿墙的株行距一般为30~50cm，双行式或多行式绿墙也成三角交叉排列，防范效果更佳。绿篱和绿墙的起点和终点皆应作加厚处理，从侧面观看显得比较厚实美观。

■ 4.1.5 丛植

丛植一般指单一树种的同类聚集栽植方式。丛植与混植有所不同，混植是植物品种较多且没有规律的自然式栽植，而丛植强调的是同类植物的组群聚合式栽植。丛植可以是规整式，如绿篱的阶梯式栽植；也可以是组团式的自然形态的栽植，即由不同的植物群体组成高低不等的自然形态的植物景观。

丛植是植物造景中是最常用的配置手法，特别是在公园绿地中运用比较广泛。如樱花树的丛植可以突出春季樱花盛开的美丽色彩，桂花树的丛植可以在秋季桂花盛开季节闻到浓郁的、沁人肺腑的桂花芳香。丛植的特点是同品种植物的集中群栽，可以突出该植物最显著的特征，增加该植物整体的观赏价值。

丛植多用于自然式的植物配置中，是值得提倡的群落式的配置方式。丛植讲究乔灌结合，要求高低错落、层次丰富，同时要考虑植物的生态习性以及相互的依存关系和稳定性。搭配得好不仅给环境大增异彩，而且具有很大的生态作用。

丛植形成树丛，通常是由两株到十几株同种或异种乔木或乔灌木组合而成的种植类型。配植树丛的场地可以是比较开阔的平地或是草坪、草花地，也可以配置在山石边或坡地上。树丛是园林绿地中重点布置的一种栽植类型，它以反映树木群体美（兼顾个体类）的综合形象为主，所以要很好地处理株间、种间的关系。株间关系是指植物间的疏密、远近等，种间关系是指不同乔木以及乔灌木之间的搭配。在处理株间关系时，要注意在整体上适当密植，局部疏密有致，并使之成为一个有机的整体。在处理种间关系时，要尽量选择有搭配关系的树种，如阳性与阴性、快长与慢长、乔木与灌木有机地组合成生态相对稳定的树丛。同时，组成树丛的每一株树木也都能在统一的构图中表现其个体美。因此，作为组成树丛的单体树木与孤植树相似，必须挑选在庇荫、树姿、色彩、芳香等方面有特殊价值的树木。

▲ 雪松丛植（三株配合）

▲ 悬铃木丛植（四株配合）

树丛可以分为单纯树丛及混交树丛两大类。树丛在功能上除作为组成园林空间构图的骨架外，还有作庇荫用的、作主景用的、作配景用的、作诱导用的等。作庇荫用的树丛最好采用单纯树丛形式，一般不用或少用灌木配植，通常以树冠开展的高大乔木为宜；而作为构图艺术上的主景、配景或诱导用的树丛，则多采用乔灌木混交树丛。

树丛作为主景时，宜用针阔混植的树丛，其观赏效果特别好，可配植在大草坪中央、水边、河旁、岛上或山丘山岗上，以作为主景的焦点。在我国古典山水园中，树丛与岩石的组合常设置在白粉墙的前方，或走廊、房屋的一隅，以构成树石小景；作为诱导用的树丛多布置在出入口、路叉和弯曲道路旁，以诱导游人按设计安排的路线欣赏丰富多彩的园林景色。另外，树丛也可以作配景用，如作小路分歧的标志，或遮障小路的前景，以取得峰回路转又一景的效果。

树丛营造必须以当地的自然条件和总体造景意图为依据，用的树种虽少，但要选得准，以充分掌握其植株个体的生物学特性及个体之间的相互影响，使植株在生长空间、光照、通风、温度、湿度和根系生长发育等方面都取得理想的效果。

丛植主要有以下几种配合形式：

■ 1. 两株配合

在树木配植构图上必须符合多样统一的原则，既要有调和，又要有对比。因此，两株树的组合，必须既要有变化又要有统一。差别太大的两种不同类型的树木，如一株棕榈和一株马尾松、一株桧柏和一株龙爪槐配植在一起，对比太强便会失掉均衡。另外，两者间无相通之处便会形成不协调的景观，其效果也不好。因此，两株配合的树丛最好采用同一树种。但如果两株相同树木，其大小、体形、高低完全相同，那么配植在一起时又会过分呆板。两株同种树木的配植，最好在大小上、姿态上、动势上有显著的差异，这样才能使树丛生动活泼起来。正如明朝画家龚贤所说：二株一丛，必一俯一仰，一倚一直，一向左一向右，一有根一无根，一平头一锐头，二根一高一下。又说：二树一丛，分支不宜相似，即十树五树一丛，亦不得相似。以上所说两株相同的树木配植在一起，在体量、动势、姿态上均需有差异、有对比，这样才显得生动活泼。

两株的树丛，其栽植的距离不能与两树冠直径的1/2相等，必须靠近，其距离要比小树冠小得多，这样才能成为一个整体。如果栽植距离大于成年树冠，那就变成两株树而不是一个树丛。不同种的树木，如果在外观上十分相似，可考虑配植在一起，如桂花和女贞为同科不同属的植物，且外观相似，又同为常绿阔叶乔木，配植在一起就比较调和。在配植时，最好把桂花放在重要位置，女贞作为陪衬。同一个树种下的变种或品种，其差异更小，一般可以一起配植，如红梅与绿萼梅相配就很协调。但是，即便是同一树种的不同变种，如果外观上差异太大，仍不适宜配植在一起，如龙爪柳和馒头柳同为旱柳的变种，但由于外形相差太大，配在一起就会显得不协调。

▲ 多个品种丛植（冬）

▲ 两株配合（单树种）平面、立面图

■ 2. 三株配合

三株配合，如果是两个不同的树种，最好同为常绿树或落叶树，同为乔木或灌木。三株配合最多只能用两个不同树种，忌用三个不同树种（如果外观不易分辨不在此限）。古人云：三树一丛，第一株为主树，第二第三为客树。三株一丛，则两株宜近，一株宜远，以示区别也。近者曲而俯，远者宜直而仰。三株不宜结，亦不宜散，散则无情，结是病。

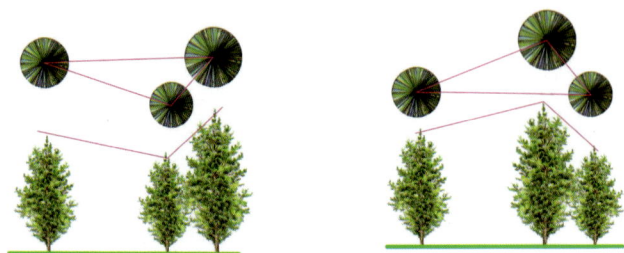

▲ 三株配合（单树种）平面、立面图   ▲ 三株配合（两树种）平面、立面图

三株配植，树木的大小、姿态都要有对比和差异，栽植时三株忌在一直线上，也忌按等边三角形栽植。三株的距离不能相等，其中最大的一株和最小的一株要靠近些，成为一小组，而中等的一株要远离些，使其成为另外一组。但这两组在动势上又要呼应，这样构图才不至于分割。

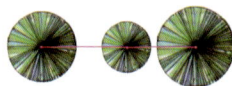

▲ 三株丛植忌一直线   ▲ 三株丛植忌等边三角形   ▲ 三株丛植忌等腰三角形

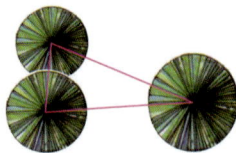

■ 3. 四株配合

四株配合，完全用一个树种或最多只能应用两种不同的树种时，必须同为乔木或同为灌木，这样比较调和，通常称为通相。如果应用三种以上的树种，或大小悬殊的乔木、灌木，就不易调和。如果是外观极相似的树木，就可以超过两种以上。当树种完全相同时，在体形、姿态、大小、距离、高矮上应力求不同。栽植点标高也可以变化，这通常称为殊相。

四株树组合的树丛，不能种在一条直线上，要分组栽植，但不能两两组合，也不要任意三株成一直线，可分为二组或三组。分为二组，即三株较近、一株较远；分为三组，即两株一组，而一株稍远，另一株更远些。树种相同时，在树木大小排列上，最大的一株要在集体的一组中；当树种不同时，其中三株为一种，另一株为其他种。这另一株不能最大，也不能最小，也不能单独成一个小组，必须与其他种组成一个三株的混交树丛。

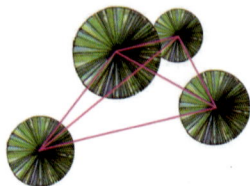

▲ 四株配合（单树种）平面图   ▲ 四株配合（两树种）平面图

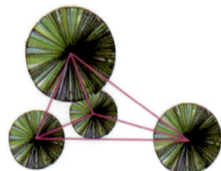

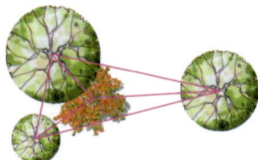

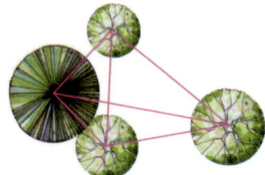

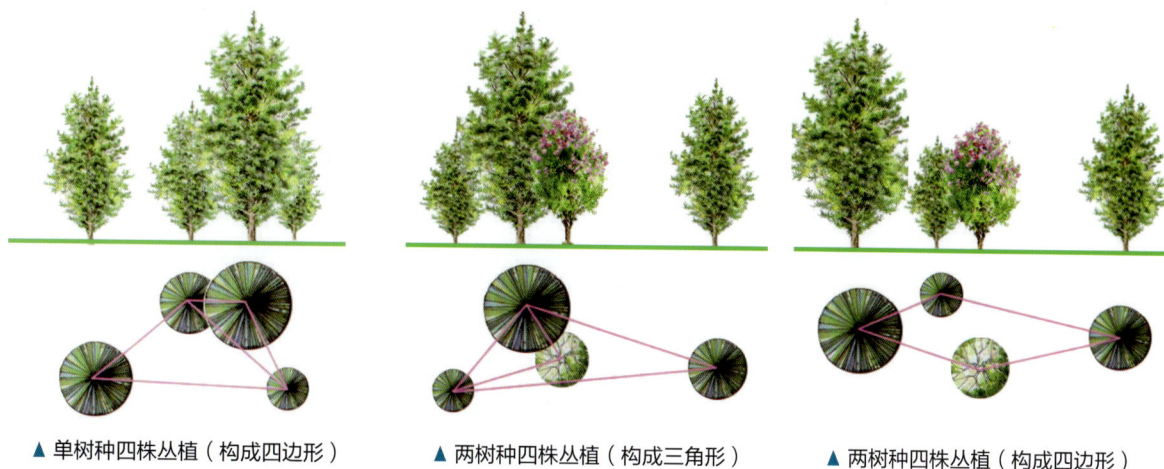

▲ 单树种四株丛植（构成四边形）　　　▲ 两树种四株丛植（构成三角形）　　　▲ 两树种四株丛植（构成四边形）

以上图例为自然式四株丛植的正确方式，以下图例为自然式四株丛植的反例：

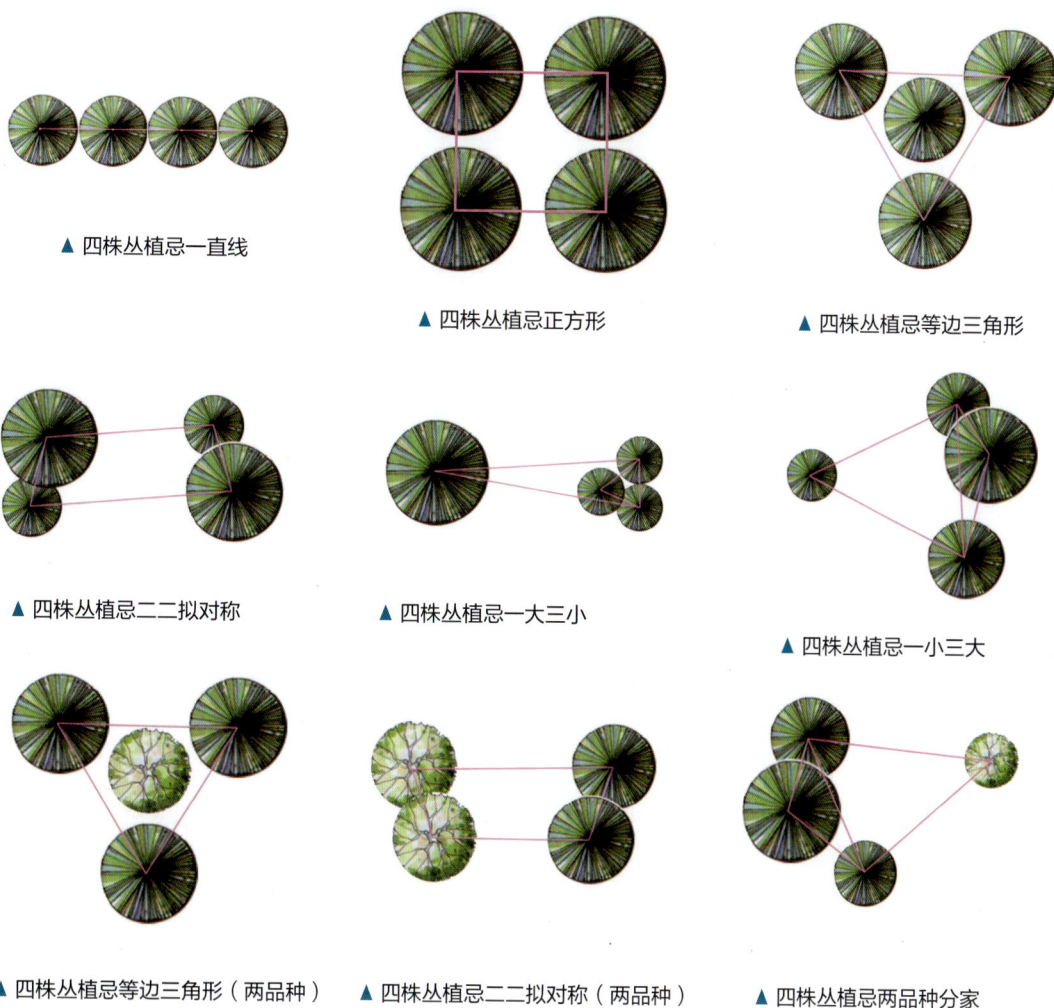

▲ 四株丛植忌一直线

▲ 四株丛植忌正方形

▲ 四株丛植忌等边三角形

▲ 四株丛植忌二二拟对称

▲ 四株丛植忌一大三小

▲ 四株丛植忌一小三大

▲ 四株丛植忌等边三角形（两品种）　　　▲ 四株丛植忌二二拟对称（两品种）　　　▲ 四株丛植忌两品种分家

■ 4. 五株配合

五株树丛只由一个树种组成的，每株树的大小、体形、姿态、动势、栽植距离都应不同。最理想的分组方式为3∶2，即三株一小组、两株一小组。如果按照大小分为五个号，三株的小组应该是1、2、4成组，或1、3、4成组，或1、3、5成组。总之，主体（最大号）必须在三株的一组中。其组合原理是三株的小组与三株的树丛相同，两株的小组与两株的树丛相同。但是这两小组必须各有动势，两组动势又须取得和谐。另一种分组方式为4∶1，其中单株树木不要最大的，也不要最小的，最好是2或3号树种；但两小组距离不宜过远，动势上要有联系。

五株树丛由两个树种组成的，一个树种为三株，另一个树种为两株，这样比较合适。如果一个树种为一株，另一个树种为四株就不适当了。如三株桂花配两株红枫较好，这样容易均衡；如果四株黑松配一株丁香，就很不协调。

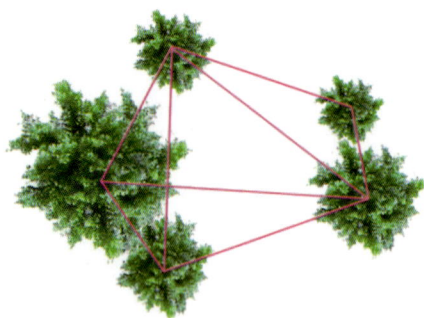

▲ 五株配合（单树种）平面图

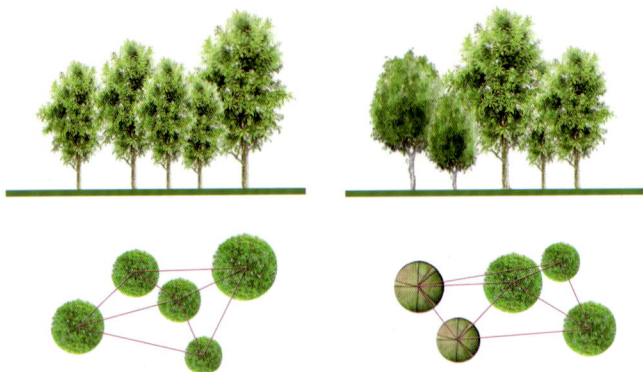

▲ 五株配合（单树种、两树种）立面、平面图

▲ 五株配合（两树种）平面图

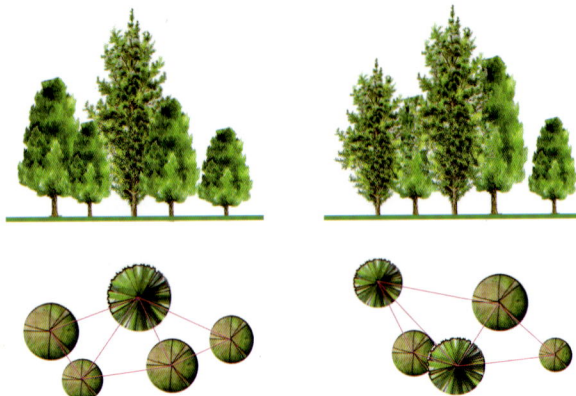

▲ 五株配合（两树种）立面、平面图

▲ 单树种五株丛植（构成三角形）

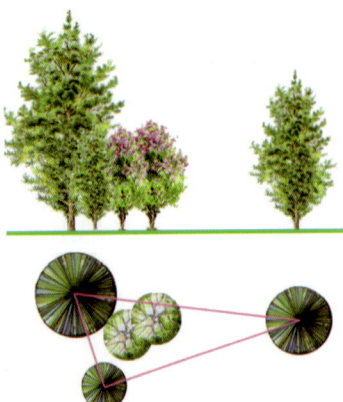

▲ 两树种五株丛植（构成三角形）

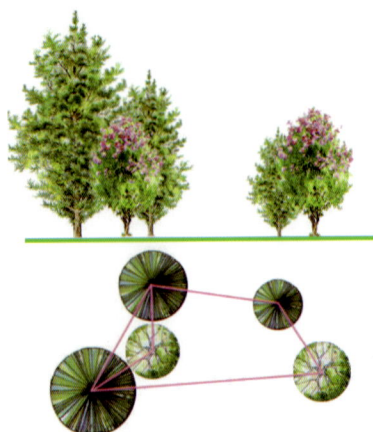

▲ 两树种五株丛植（构成四边形）

　　五株树丛由三个树种组成的，其配植上可分为一株和四株两个单元，也可分为两株和三株两个单元。当树丛分为1：4两个单元时，三个树种应分置一个单元中，不可把两株的分为两个单元。如要把一个树种的两株分为两个单元，其中一株应该配植在另一树种的包围之中。当五株树丛分为3：2两个单元时，不能三株的种在同一单元，也不能把另一树种的两株种在同一单元。

　　树木的配植，株数越多就越复杂。孤植树是一个基本，两株树丛也是基本。三株是由两株和一株组成，四株又由三株和一株组成，五株则由二株和三株或四株和一株组成。理解了五株的配植道理，其他的可以此类推。芥子原画谱中说："五株即熟，则千株万株可以类推，交大巧妙，在此转关。"其关键仍在调和中要求对比差异，差异太大时要求调和。所以，株数越少，树种越不能多用；株数增多时，树种可逐渐增多。但树丛的配合，在10~15株以内，外形相差太大的树种，最好不要超过5种，而外形十分类似的树种可以增多种类。我们可以将了解到的两到五株的组合形式可运用到更多株树木的组合中。

　　树丛作为主景时，四周要空旷，可以布置在大草坪的中央、水边、河湾、山坡及山顶上，也可作为框景布置在景窗或月洞外面。与山石组合也是我国古典园林中常见的手法，这样的组合方式可布置在白粉墙前、走廊或房屋的角隅，组成一个话题。在日本庭院中，常将植物与山石、枯山水等的结合，布置在房屋墙前，组成一幅有情趣且色彩丰富的画面。

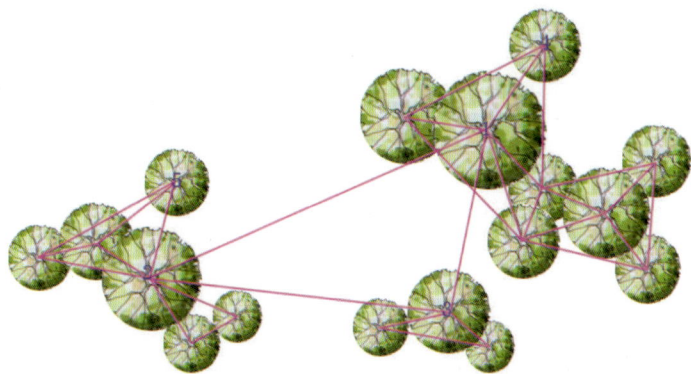

▲ 多株丛植平面示意图

　　在游憩园林绿地中，树丛下面可布置一些休息坐凳，为游人提供一个停留的场所。例如在公园小路中的一段，路的一端是一条坐凳和一丛密闭性很强的树丛，这使游人在此停留有一种安定感；另一端是由三株观赏树组成的树丛，具有很好的景观效果。

▲ 红运二乔玉兰丛植（多株配合）

▲ 日本晚樱丛植（多株配合）

▲ 水杉丛植（三株配合）冬景

▲ 池杉丛植（多株配合）秋景

▲ 多树种多株丛植

▲ 多树种多株丛植

▲ 多树种多株丛植

▲ 多树种多株丛植

4.1.6 群植

群植是由多数乔灌木（一般在20株以上）混合成群栽植的类型，树群所表现的主要是群体美。树群也像孤植树和树丛一样，可作为构图的主景。树群应该布置在有足够距离的开散场地上，如靠近林缘的大草坪、宽广的林中空地、水中的小岛屿、宽阔水面的水滨、小山的山坡、土丘等地方。树群主立面的前方的空地，至少在树群高度的四倍、树冠宽度的一倍以上，以便于游人远望欣赏。

在园林植物景观中，乔灌木通常在搭配应用上是互为补充的，它们的组合需要符合生态条件的要求。第一层的乔木应是阳性树种，第二层的小乔木可以是半阴性的，分布在外缘的灌木可以是阳性的，而在乔木遮荫下的灌木则应是半阴性的。乔木为骨架，小乔木、灌木等紧密结合构成复层、混交相对稳定的植物群落。

树群组合的基本原则是高度喜光的乔木层应当分布在中央，小乔木在其四周，大灌木、小灌木在外缘，这样不致互相遮掩。但其各个方向的断面，又不能像金字塔那样机械。所以，在树群的某些外缘可以配置一两个树丛及几株孤植树。

树群规模不宜太大，在构图上要四面空旷。树群的组合方式，最好采用郁闭式、成层的结合。树群内通常不允许游人进入，游人也不便进入，但是树群的北面树冠开展的林缘部分，仍然可作庇荫之用。

树群可分为单纯树群和混交树群两大类。

单纯树群 只由一种树木组成，可以应用宿根花卉作为地被植物，观赏效果相对稳定。这样的树群布置在靠近园路或铺装广场的边缘，且选用大乔木，可解决游人休息问题。利用相同树种，采取自然群植方式，在大面积草坪中分隔出一个半封闭的空间，草坪汀步将人们从路的边缘引到这个空间里。

▲ 单纯树群（香樟）

▲ 单纯树群（池杉）

混交树群　混交树群由多种树木组成，是树群的主要形式。从上而下可分为五个层面，即乔木层、小乔木层、大灌木层、小灌木层及多年生草本层。其中每一层都要显露出来，其显露部分应该是植物观赏特征突出的部分。乔木层选用的树种，树冠的姿态要特别丰富，整个树群的天际线要富于变化；小乔木层选用的树种，最好选用开花繁茂的，或各具美丽叶色的；灌木应以花木为主；草本植物应以多年生野生花卉为主；树群下的土面不能暴露。

▲ 混交树群（无患子、鸡爪槭、红枫等）春景

▲ 混交树群（香樟、马尾松、合欢等）冬景

多种树木的组合，景观效果更为丰富。树种搭配时要考虑生态要求，从观赏角度看，其构图要以自然界中美的植物群落为样本，林冠线要起伏错落，林缘线要曲折变化。树群内植物的栽植距离要有疏密的变化，要构成不等边的多边形，切忌成排、成行、成带栽植。常绿、落叶、观叶、观花的树木，其混交的组合不可用带状混交。又因面积不大，不可用片状、块状混交，而应该用复层混交及小块混交与点状混交相结合的方式。

树群内树木的组合必须很好地结合生态条件，如有的园林景观在种植树群时，在玉兰下用了阳性的月季花作下木，而将强阴性的桃叶珊瑚暴露在阳光之下，这是不恰当的。作为第一层乔木，应该是阳性树种，第二层小乔木可以是半阴性的，而种植在乔木庇荫下及北面的灌木则应该是半阳性或半阴性的。喜暖的植物应该配植在树群的南方或东南方。树群的外貌，要有高低起伏的变化，要注意四季的变化和美观。

树群的树木数量较树丛要多，所表现的是群体美，也是构图上的主景。树群属于多层结构，水平郁闭度大，因此种间及株间关系就成为保持树群稳定的主导因素。

混交树群

4.1.7 林植

凡成片成块大量栽植乔灌木，以构成一定规模森林景观的称为林植。风景林是公园内较大规模成片的树林，是由单种植物或多种植物组成的一个完整的人工群落。风景林除着重树种的选择、搭配的美观之外，还要注意其应具有防护功能。

根据风景林的郁闭度，林植具体分为疏林和密林两大类。

1. 疏林

一般疏林的郁闭度在0.4~0.6，它常与草地结合，故又称草地疏林。草地疏林是园林中应用较多的一种形式，系模仿自然界的疏林草地而形成，是很吸引游人的地方。疏林一般选择生长健壮的单一的乔木类树种，具有较高的观赏价值，林下则为经过人工选择配置的木本或草本地被植物。草坪应具有含水量少、耐践踏等特点。

疏林应以乡土树种为宜，其布置形式或疏或密、或散或聚，形成一片淳朴、美丽、舒适、怡人的园林风景林。不论是鸟语花香的春天、浓荫蔽日的夏天、晴空万里的秋天，或是银装素裹的严冬，草地疏林皆别具风味。所以，疏林中的树种应具有较高的观赏价值，生长要强健，花和叶的色彩要丰富，树枝线条要曲折多变，树干要好看，常绿树与落叶树的搭配要合适。疏林的种植要三五成群，疏密相间，有断有续，错落有致，构图上生动活泼。林下草坪应含水量少、坚韧耐践踏、宜修剪、不污染衣服，最好秋季不枯黄。应尽可能地让游人在草坪上多活动，一般不修建园路，但作为观赏用的嵌花草地疏林，就应该有路可走。

▲ 草地疏林（银杏、棕榈等）夏景

2. 密林

密林的郁闭度在0.7~1.0，一般阳光很少透入林下，土壤湿度大，地被植物含水量高，经不起踩踏。所以，密林以观赏为主，并可起改变气候、保持水土等作用。

密林又可分为单纯密林和混交密林两大类。

单纯密林 具有简洁壮阔之美，但也缺乏丰富的色彩、季相和层次的变化。因此，栽植时要靠近起伏变化的地形以丰富林冠与林缘线。林带边缘要适当配置观赏特性较为突出的花灌木或花卉，林下可考虑点缀花草或其他地被植物，以增加景观的艺术效果。

▲ 单纯密林（水杉）秋景

▲ 单纯密林（落羽杉）夏景

混交密林 混交密林是多种植物构成的郁闭群落，其种间关系复杂而重要。大乔木、小乔木、大灌木、小灌木、地被植物，各自根据自己的生态习性和互相的依存关系，形成不同层次。这样的树林季相丰富，林冠线、林缘线构图突出，但也应做到疏密有致，使游人在林下欣赏时能感受到特有的幽邃深远之美。密林内部可以有道路通过，还可在局部留出空旷的草地，也可规划自然的林间溪流，并在适当的地方布置建筑作为景点。供游人欣赏的林缘部分，其垂直成层构图要十分突出，但又不能全部塞满，以致影响游人深入林地。密林内部有自然路通过，沿路两边的垂直郁闭度不宜太大，必要时还可以留出空旷的草坪。还可利用林间溪流水体种植水生花卉，也可以附设一些简单的构筑物，以供游人作短暂休息之用。

▲ 混交密林（无患子、鸡爪槭、紫楠等）

▲ 混交密林（水杉、乐昌含笑、红枫等）

大面积的密林种植可采用片状混交，小面积的多采用点状混交，一般不用带状混交。要注意常绿与落叶、乔木与灌木的配合比例，还有植物对生态因子的要求等。单纯密林和混交密林在艺术效果上各有其特点，前者简洁，后者华丽，两者相互衬托，特点突出，因此不能偏废。从生物学的特性来看，混交林比单纯密林更好，园林中纯林不宜太多。

乔灌木因其体量突出而成为植物景观的主体，以上一些基本的配置形式通常结合使用，并因园林布局形式和规模的不同而有所变化。园林绿地的空间不大时，群植尤其是林植方式不常用或不用，如小庭院的植物景观营造一般不用群植。而绿地面积较大时，就应有林植类型，而且最好有混交密林等，如风景区、公园以及比较大的专用绿地等。另外，如果不是游憩功能和景观的特殊需要，应尽量采用复层结构的植物群落，同时要尽量与地被植物结合起来。唯有如此，才可能在景观效果和生态功能方面取得理想效果。

混交密林

■■4.1.8 特殊造景形式

特殊造景形式也是园林中常用的造景方式，主要有花坛、花台、花钵、花架、花境以及立面造景、植物造型等。特殊造景形式的特点为外部形状是规整的或有一定规律的，内部的植物配置以规则式为主，也可以是自然式的，景观效果既整齐严谨又自然活泼。随着我国园林事业的蓬勃发展，特殊造景形式的应用将会越来越广泛。

■ 1. 花坛

花坛多设于公园、广场、园路两侧以及机关单位、学校等办公教育场所，应用十分广泛。花坛主要采取规则式布置，有单独或连续带状及成群组合等类型。花坛内部所组成的纹样多采用对称的图案，并要保持鲜艳的色彩和整齐的轮廓。一般选用植株低矮、生长整齐、花期集中、株型紧密、花或叶观赏价值高的品种，常选用一二年生花卉、宿根花卉或球根花卉。植株的高度与形状，对花坛纹样与图案的表现效果有密切关系，如低矮而株丛较小的花卉，适合表现平面图案的变化，可以显示出较细致的花纹，故可用于模纹花坛的布置，如三色堇、雏菊、半枝莲等，草坪也可用来镶嵌以配合布置。

花丛花坛 以表现开花时的整体效果为目的，展示不同花卉品种的群体及其相互配合所形成的绚丽色彩与优美外貌，因此要做到图样简洁、轮廓鲜明，才能获得良好的效果。选用的花卉以花朵繁茂、色彩鲜艳的种类为主，如金盏菊、金鱼草、三色堇、矮牵牛、万寿菊、孔雀草、鸡冠花、一串红、百日草、石竹、福禄考、菊花、郁金香等。在配置时应注意陪衬种类要单一，花色要协调，各种花色相同的花卉布置于一坛，不能混种在一起。花坛中心宜用较高大而整齐的花卉材料，如美人蕉、扫帚草、毛地黄、金鱼草等。花坛的边缘也常用矮小的灌木绿篱或常绿草本作镶边栽植，如雀舌黄杨、紫叶小檗、沿阶草、矮麦冬等，也可用草坪作镶边材料。

▲ 花丛花坛

▲ 花丛花坛

模纹花坛 又叫毛毡花坛，是以色彩鲜艳的各种矮生性、多花性的草花或观叶草本为主，在一个平面上栽种出种种图案，远远看去犹如地毯。花坛外形均是规则的几何图形，花坛内图案除用大量矮生性草花外，也可配置一定的草皮或建筑材料，如色砂、磁砖等，使图案色彩更加突出。这种花坛是要通过不同花卉色彩的对比，发挥平面图案美。所以，栽植的花卉要以叶细小茂密、耐修剪为宜，如半枝莲、香雪球、矮性藿香蓟、彩叶草等，其中以五色草配置的花坛效果最好。在模纹花坛的中心部分，在不妨碍视线的条件下，还可选用整形的小灌木、桧柏、雀舌黄杨以及苏铁、龙舌兰等。当然也可用其他装饰材料来点缀，如形象雕塑、建筑小品、水池和喷泉等。

▲ 模纹花坛

▲ 模纹立体花坛

■ 2.花台

　　将花卉栽植于高出地面的台座上，类似花坛但面积较小，也可以看成是一种较窄但较高的花坛。我国古典园林中这种应用方式较多，现在多应用于庭院，上植草花作整形式布置。由于面积狭小，一个花台内常只布置一种花卉。因花台高出地面，故选用的花卉株型较矮、繁密、匍匐或茎叶下垂于台壁，如玉簪、鸢尾、萱草、兰花、阔叶麦冬、吊兰等。

▲ 椭圆形石块垒砌花台

▲ 圆形组合花台

▲ 多边形木质花台

▲ 条形石块自然式花台

■ 3.花钵

花钵可以说是活动的花坛，是随着现代化城市的发展，花卉种植施工手段逐步完善而推出的花卉应用形式。花卉的种植钵造型美观大方，纹饰以简洁的灰、白色调为宜。从造型上看，有圆形、方形、高脚杯形以及数个种植钵拼组成的六角形、八角形、菱形等图案，也有木制的种植箱、花车等形式，造型新颖别致、丰富多彩。钵内放置营养土，用于栽植花卉。这种种植钵移动方便，里面花卉可以随季节变换，使用方便灵活，装饰效果好，是深受人们欢迎的新型花卉种植形式。其主要摆放于广场、街道及建筑物前进行装点，施工容易，能够迅速形成景观，符合现代化城市发展的需要。

花钵内栽植的植物种类十分广泛，如一二年生的花卉、宿根花卉、球根花卉及蔓生性植物都可应用。根据季节可选用应时的花卉作为种植材料，如春季用石竹、金盏菊、雏菊、郁金香、水仙、风信子等，夏季用虞美人、美女樱、百日草、花菱草等，秋季用矮牵牛、一串红、鸡冠花、菊花等。所用花卉的形态和质感要与钵的造型相协调，色彩上有所对比。如白色的种植钵与红、橙等暖色系花搭配会产生艳丽、欢快的气氛，与蓝、紫系花搭配会给人宁静素雅的感觉。

▲ 高脚杯形陶瓷花钵

▲ 方形砖砌文化石贴面花钵

▲ 各种样式陶罐花钵

■ 4.花架

植物本身有其独特的自然形态，一般的栽植很容易让人们忽略了它们的美感形态。要满足大众的审美愿望和人们求新求异的心理需求，就得改变老套模式进行创新，引起众多人的兴趣。这就需要一些美妙的新的造型来调剂和弥补大众内心的审美要求。人工造型弥补了自然植物的特性不能产生另类景象的缺陷，即可用人工花架与自然植物的结合，构造植物立体景观。花架造型的千变万化可以弥补这一不足，可以按照人们的理想愿望，让植物综合在一起实现独特的植物景观。这种人工造型与自然植物形态相结合的植物造景是一种很好的方法。

花架大致有以下几种类型：

公园建筑花架 一般公园小区广场常见的建筑花架是以凉亭、长廊花架为多。花架是可提供攀援植物延伸条件的镂空式构造，材料通常以木构造为主，也有砖砌、水泥柱、不锈钢、钢材等材料构造，造型也十分丰富多样。花架一般适合攀援植物如紫藤、葡萄、凌霄、爬山虎、蔷薇、木香、金银花、常春藤、铁线莲等。人工花架造型可以结合公共设施如花坛、座椅、凉亭的整体结构设计，形态常有拱门式、凉亭式、长廊式、门洞式、三角式、串联式、圆柱式、圆锥式等。

　　小型装饰花架　装饰城市景观的花架种类很多，有组装在路灯柱上的花钵、吊篮，有独立的花柱形的花钵花架，还有与公共设施结合的花钵花架。人工花架既不影响植物的生态成长，又能按照人们的愿望展现植物浪漫美丽的独特装饰效果，是实现人工与自然完美结合的最佳形态，也是科学与艺术的完美统一。

▲ 公园建筑花架

　　小型装饰花架在节日、庆典、国际会议等一些特殊环境下使用比较方便。小型花架施工安装比较简单，装饰效果强。花架上花盆内的植物花卉还可以根据季节经常替换，经济、美观、实用、便捷，具有点缀和美化城市环境的小型植物花架的特点。

　　可移动花架　有些人工支架是针对临时性会展、节日布置所设计，具有装卸拼构的方便。在混和植物的色彩搭配上占有极大的优势，可直接将培植好的小盆花卉放入支架内，

▲ 小型装饰花架

根据设计要求布入不同植物形态和不同植物色彩，拼构出各式各样的植物图案。随着科技的发展，立体花架的造型也越加多姿多彩，有的花架内还装有自动喷水浇灌装置，可以定时喷灌，有的还可以测出土壤的干湿度和养分是否缺乏等。将自然植物拼织成彩色的花卉锦缎也成了目前装饰室内外空间可以实现的常事，用花束花群的美丽装饰环境。若用芳香植物，还可让人以嗅到迷人的花香而感受到沁人肺腑的惬意。

▲ 可移动花架

▲ 可移动花架

借用人工设计的花架、花廊发挥植物的特长，可达到美化装饰环境的作用，因此要在支架造型设计上多加思考。近来组装式的立体花坛十分流行，除了有可装可卸的便利外，还可以反复再利用，这是目前现代设计中最时尚的设计理念。立体花坛主要是追求植物的立体造型，可移动可组装的花架的出现，为景观营造师提供了较开阔的想象空间，同时也提出了新的要求。这需要我们营造师掌握一些工业造型的专业知识，结合植物的生态和造型特色，创造出更多人们喜爱的、独特新颖的立体植物造型花架，以此丰富和装饰我们的城市生活环境。

■ 5. 花境

花境是由多种花卉组合或花卉与灌木组合而成的带状自然式布置，这是根据自然风景中花卉自然生长的规律加以艺术提炼而应用于园林的造景形式。用于花境的花卉种类繁多，色彩丰富，具有自然野趣，观赏效果十分显著。欧美国家特别是英国的园林中花境应用十分普遍，而我国目前花境应用较少，尚需普及推广。

根据观赏形式，花境可分为单面观赏花境和双面观赏花境。单面观赏花境多以建筑物的墙体、树丛、树群或绿篱为背景，植物配置后高前低，以利于人们观赏。双面花境多设置于草坪或树丛间，两边都有步道，供两面观赏，植物配置采取中间、高两边低的方式，各种花卉呈自然斑状混交。

▲ 单面花境

▲ 双面花境

花境中各种花卉的配置时要考虑同一季节中彼此的色彩、姿态、体形、数量的对比与调和，花境的整体构图也必须是合理完美的。同时还要求在一年之中随着季节的变换而显现不同的季相特征，让人们产生时序感。适宜布置花境的植物材料很多，包括一二年生花卉、宿根花卉、球根花卉，还可采用一些生长低矮、色彩艳丽的花灌木或观叶植物。其中既有观花的、观叶的，也有观果的，特别是宿根和球根花卉能较好地满足花境的要求，一次栽植多年受益，养护管理成本较低。

由于花境布置后可多年生长，不需经常更换，若想获得理想的四季景观，必须在种植规划时深入了解和掌握各种花卉的生态习

▲ 对称式单面花境

性、外观表现及花期花色等。设计师对所选用的植物材料要具有较强的感性认识，并能预见配置后产生的景观效果。只有这样才能合理安排，巧妙配置，体现出花境的景观效果。如郁金香、风信子、荷包牡丹及耧斗菜类仅在上半年生长，在炎热的夏季即进入休眠。花境中应用这些花卉时，就需要在丛间配植一些夏秋生长茂盛而春末夏初又不影响其他生长与观赏的花卉，这样整个花境就不至于出现衰败的景象。再如石蒜类的植物根系较深，属于先花后叶类花卉，若能与浅根性、茎叶葱绿而匍地生长的爬地景天类花卉混植，相互生长不受影响。由于爬地景天类花卉的茎叶对石蒜类花朵的衬托，使景观效果显著提高。

花境营造时相邻的花卉色彩要能很好地搭配，长势强弱与繁衍的速度应大致相似，以利于长久稳定地发挥花境的观赏效果。花境的边缘即花境种植的界限，不仅确定了花境的种植范围，也便于周围草坪的修剪和周边的整理清扫。依据花境所处的环境不同，边缘可以是自然曲线，也可以采用直线。高床的边缘可用石块、砖块等垒砌而成，平床多用低矮致密的植物镶边，也可用草坪带镶边。

▲ 单面花境

■ 6. 立面造景

立面造景不是单指一般的垂直绿化，而是包括一种新开发的立面装饰墙的造景。立面造景的优势是占用少量的植地面积，能获得更多的绿化量。特别是建筑墙面的垂直绿化后，夏季室内温度可降低2~3℃，可减少空调能源消耗。在目前全球关心能源问题的大环境下，更应该积极提倡节能环保的造景原则。

一些先进国家在20世纪80年代就开始研究立面垂直绿化，至今已取得了一些成果。立面植物景观是在人工制造的壁面支架上的植物造景，一般都是以装饰墙壁为手段，以隔热环保、美化城市环境为目的。自然攀援植物在立面装饰上有一定的优势，只要给予攀援辅助物体就可以自然地顺其而上，但在短时间内难以达到铺满立面墙壁的绿化效果，往往需要很多年才能实现。因此，一些先进国家在立面的植物攀援壁架上进行了特殊的设计，采用铝合金条组装成的壁架或塑料做成的壁面立体壁盒。在建筑物的壁面上大做文章，垂直面上可以自由配置植物，并且在短时间内立面就能达到比较丰满的效果，装饰性强。这类立面构造花架是按植物的习性来构造的，有定时洒水装置，也可自由地在立面洞穴内配置各种不同的植物。其可以按设计师的意图配置出理想美丽的各种纹样，使植物景观扩展了新的展示领域。

立面植物美化除了在建筑立面墙上做

▲ 植物立面造景组图

外，也有单独为装饰用或用作隔离空间而设计的立面绿化墙。为了组装方便，还设计了可随组装搭建的临时植物装饰花墙，可随时拆卸，十分便捷，对一些临时大型展示会议的装饰门面来说十分实用。

建筑立面的植物装饰美化，确实给城市增添了一道靓丽的植物风景。由于造价大，因而没推广开，但在有条件的地方和场合已展示出特殊的壮观的植物景观效果，很受人们的欢迎。目前设计师们正在努力研制新的方案，只有经济、实惠、美观的方案才是值得推广的方案。

▲ 植物立面造景组图

▲ 植物立面造景组图

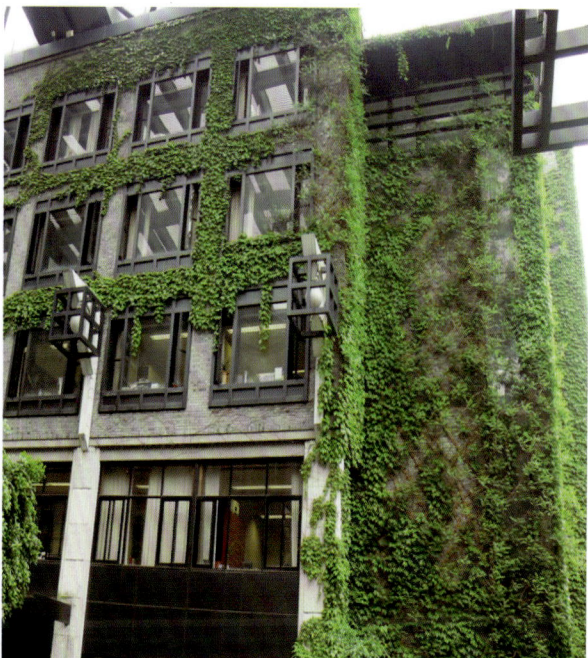
▲ 墙面绿化（爬山虎）

7. 植物造型

植物造景的方式还有欧式传统方法——植物的修剪造型，即把植物修剪成各种形态，如几何形态、动物形态等。在规则式的园林中，植物造型是建筑景观的组成部分，能使强烈几何体形的建筑与周围自然环境取得过渡与统一。虽然修剪植物与自然形态相违背，但作为一种特殊的形式也可以起到一定的调剂作用，丰富和装饰我们的生活环境。

植物造型大致有以下几种类型：

几何形体整形　欧美国家常把树木修剪成几何形体，用于花坛中心或强调轴线的主要道路两侧，有时也通过整形植物营造规则式的园林景观。

我国园林植物的修剪形式大多数是简单的圆球形、圆锥形、圆柱形、四方形、长方形等作为装饰园景的基本形式。适宜于修剪整形的植物主要有小蜡、小叶女贞、金叶女贞、海桐、大叶黄杨、檵木、红花檵木、桧柏、洒金千头柏等。

动物形体整形　欧美国家常把植物修剪成各种动物的形状，一般用于构景中心、动物居舍的入口处，也常用在儿童乐园内，用整形的动物、建筑、绿墙等来构成一个童

▲ 植物几何体形组图

话世界。在我国修整植物的形式一般以几何形态为主，修剪成动物形态的比较少，主要是因为气候、树种等都不太适应我国的本土环境。

我国用植物塑造动物形态一般都是先用铁丝扎好动物的框架，然后将草本类植物种植在上面，形成草皮式动物造型。如我国传统的植物造型——孔雀开屏，孔雀的头部和颈部造型是铁丝扎成的框架，然后填埋进海绵土壤种植草本植物，孔雀开屏部分是在搭制成的扇形花架上放置多彩的盆栽花卉所组成。

▲ 植物造型构成童话世界

▲ 植物造型——孔雀开屏

▲ 植物造型——孔雀开屏　　（此图引自昵图网）

建筑体形整形　在园林中常应用树木整形成绿门、绿墙、绿亭、绿色透景窗等，使人虽置身于绿色植物中，但仍可体会到建筑空间。应用于建筑体形整形的植物需要具有萌发力强、耐修剪、枝条易弯曲等特点，而植物选择及苗木准备工作需要同植物的生长相结合，有些工序还需在苗圃中进行，待苗木长成一定的体形后再移植到园林中。

抽象式整形
抽象式整形是在自然形的基础上稍加整理，形成曲线更流畅、枝叶更整齐的造型，或者融入一定的象征意义的整形。如日本庭院中整形树木经常用在草坪上或枯山水园中，以沙代表海，而以整形的植物代表海中的岛和山，这样的庭院也别具一番情趣。

▲ 方亭植物装饰造型

▲ 日本枯山水景观

🌿 4.2 植物造景的艺术手法

　　园林美是自然美、建筑美、植物美、意境美、生活美的综合，而以自然美为主要特征。有了自然美，园林绿地才有生命力，特别是自然式园林更需要突出自然美。因此，园林绿地构图要善于利用地形、地貌、自然山水、景观植物，并以室外空间为主，又与室内空间互相渗透的环境来创造景观，同时还要借助各种造景艺术加强其艺术表现力。不同地区的自然条件，如日照、气温、湿度、土壤等各不相同，其自然景观也不相同。我们先要把现实风景中的自然美提炼为艺术美，并上升为诗情和画境，因地制宜，随势造景，景因境出，然后再把这种艺术之美和诗情画境搬回到现实中来。

■ 4.2.1 主景与配景手法

　　园林中的景有主景与配景之分，起到控制作用的景称为主景。主景是核心和重点，往往呈现主要的功能或主题，是全园视线控制的焦点。配景起衬托作用，以使主景更为突出。在园林造景中既要强调主景的突出，又要重视配景的烘托；配景不能喧宾夺主，但又要达到衬托的效果。

　　主景或主景区是风景园林的构图中心，处理好主配景关系就取得了提纲挈领的效果。突出主景的方法主要有以下几种:①主景升高或降低法。如"主峰最宜高耸，客山须是奔趋"，或四面环山中心平凹法。②轴线对称法。包括绝对与相对的对称手法，主景位于轴线上，而配景则布置在轴线两边对称或均衡的位置。③百鸟朝凤或托云拱月法，也叫动势集中法，即把主景置于周围景观的动势集中部位。④构图重心法。把主景置于园林空间的几何中心或相对重心部位，使全局规划稳定适中。⑤园中之园法。大面积的风景区常在关键部位设置园中园，以其局部之精微而取胜。

▲ 雕塑为主景，植物为配景

▲ 太湖石为主景，植物为配景

▲ 尖塔形为主景，圆球形和色块为配景

▲ 针叶树为主景，阔叶树为配景

4.2.2 近景与远景手法

没有层次就没有景深。我国园林无论是建筑围墙，还是树木花草、山石水景、景区空间等，都善于用丰富的层次变化来增加景观深度。根据视点与景物之间的距离，一般分为近景、中景、远景（背景）三个层次。

▲ 垂柳为近景，广玉兰为远景（春）

▲ 睡莲为近景，水杉为远景（夏）

近景距离视点最近，可看清景物的细部和质感，用作景观构图的边框和引导面；中景距离视点有一定距离，可展示景物全貌，可识别景物的主要细部和色彩，通常作主景，重点布置，是构图的重心；远景距离视点特别远，景物大体轮廓可见，体量与细部不太清楚，而且越远越淡薄，常用作景观背景。

合理安排前景、中景与背景，可以加深景的画面，富有层次感，使人获得深远的感受。当主景缺乏前景或背景时，便需要添景，以增加景深，从而使景观显得丰富。尤其是园林植物的配植，常利用片状混交、立体栽植、群落组合、季相搭配等方法，取得较好的景深效果。有时为了突出主景简洁、壮观的效果，也可以不要前后层次。

▲ 公园植物景观的近景、中景与远景（春）

■■4.2.3 借景与障景手法

《园冶》中有云"嘉则收之，俗则屏之"，讲的是周围环境中有好的景观要开辟透视线把它借进来，如果是有碍观瞻的东西则将它屏障掉。一个园林的面积和空间是有限的，为了丰富游览的内容，需要扩大景观的深度和广度，除了运用多样统一、迂回曲折等造园手法外，造园者还常常运用借景或添景的手法。

借景是将园内视线所及的园外景色组织到园内来，成为园景的一部分。借景要达到"精"与"巧"的要求，使借来的景色和本园的空间环境巧妙地结合起来，让园内园外相互呼应，融为一体。障景则是"欲扬先抑"或是将有碍观瞻的建筑物屏障掉而采用的一种造景手法。

▲ 借景之邻借

▲ 两家庭院相互借景（邻借）

借景能扩大空间，丰富园景，增加变化。按所借景物的位置、距离、角度、时间等，可分为远借、近借、仰借、俯借、应时而借等。添景可用建筑的一角、建筑小品或树木花卉；用树木作添景时，树木体形宜高大，姿态宜优美。①远借是把园林远处的景物组织进来，所借之物可以是山、水、树木、建筑等。②近借（邻借）就是把园子邻近的景色组织进来，周围景物只要是能够利用成景的都可以借用，如亭、阁、塔、庙、山、水、花木等。"一枝红杏出墙来""杨柳宜作两家春"等就是近借手法的具体应用。③仰借是利用仰视借取园外景观，以借高景物为主，如古塔、高层建筑、山峰、大树以及碧空白云、明月繁星等。仰借视觉较为疲劳，因而观赏点应设亭台座椅等。④俯借是指居高临下俯视观赏园外景物，登高四望，四周景物尽收眼底。所借景物甚多，如江湖、原野、草坪、水溪、景石、铺装花纹、湖光倒影等。⑤因时而借则是借一年四季中春、夏、秋、冬自然景色的变换或一天之中景色的变化来丰富园景。对于一日来说，日出朝霞、晓星夜月；以一年四季来说，春天的百花争艳、夏天的浓荫覆盖、秋天的层林尽染、冬天的银装素裹，这些都是应时而借的意境素材。在全国有许多名景都是应时而借而成名的，如杭州的"苏堤春晓""曲院风荷""平湖秋月""断桥残雪"等等。此外，还有借声——借园林中自然之声（雨声、水声、虫鸣、鸟啼等），给景致增添情趣；借香——草木的气息，可使空气清新，烘托园林景致的气氛。

植物景观营造的借景与其它景观中的借景有共同之处，意在扩大景观空间，丰富视觉层次与变化，使视觉空间像阅览立体画册一样，连续而丰满，充满变幻。与其它景观中的借景所不同的是主体内容不一样，植物景观是以植物为主，借周边的万物。但有时植物又是以陪衬为主，特别是与景观建筑相并列时，植物往往是点缀和装饰，只起到画龙点睛的作用。也可以说借景之植物造景手法，是考虑植物的前后、主次关系的配置。

▲ 借景之远借

▲ 借景之俯借

　　我国园林含蓄有致，意味深长，忌一览无余，讲究"欲扬先抑"，也主张"俗则屏之"，两者皆可用障景而为之。在景观营造时有意组织游人视线发生变化，以增加风景层次，引人入胜，就可以采用障景手法。

　　障景就是遮挡部分景色，起到景观多变的效果或是掩盖不够美观的环境。障景又称抑景，凡是抑制视线、引导空间的屏障景物均为障景，主要为营造曲径通幽、庭院深深的园林意境。

　　障景按布置的位置分为三大类型：①入口障景——位于景园入口处,为了达到欲扬先抑、增加层次、组织人流、障丑显美等作用而设置的。②端头障景——位于景观序列的结尾处，希望游人有所回味，留有余韵，起到流连忘返、意犹未尽、回味无穷的作用。③曲廊障景——运用建筑题材，通常应用于宅园，游人需要经过转折的廊道才能来到园中。

▲ 公园入口植物障景

▲ 植物障景（障住不雅观建筑）

障景按使用的材料又分为影壁障、假山障、土丘障、树丛障、绿篱障、组雕障、置石障、建筑障等。采用植物障景一般以绿篱方式为主，用小乔木或大灌木列植（高于1.6m的植物），形成绿色墙壁；也有用人工花架、植物壁架作装饰来障景的。植物障景视觉效果较好，且通风、生态、环保，在景观环境中运用得很多，深受人们的喜爱。植物障景除了用常绿树以外，还有用花木树的。花木树作障景更增添了环境的美观，如茶花、木槿、紫薇、藤本月季等都可作很好的花篱。有时植物障景还采用灌木与小乔木的结合栽植达到障景效果。

障景在街道及公路景观上用得很多，往返车道的隔离带常用植物作障景，目的是预防与对向车会车时迎面射来远光灯的眩光。街道常用的障景树种一般是不怕汽车尾气排放的树种，如雪松、龙柏、蜀桧、海桐、火棘等。此外，值得提醒的是，在马路的转弯处、十字路口的中心10m以内转弯处不能栽植1m以上的灌木绿篱，这样的障景可能因遮挡了驾驶员的视线而引发交通事故。因此，障景要考虑植物的生长情况，注意安全，该遮挡的遮挡，不该遮挡的不能盲目遮挡。

■ 4.2.4 框景与漏景手法

园林景观不尽可观，或则平淡间有可取之景。利用门框、窗框、树框等，可以有选择地摄取空间的优美景色。框景类似于照相取景一样，可以达到增加景深、突出对景的奇异效果。

植物造景的框景手法无疑是用植物作景框，目的是让框入的景观在视觉上更加集中，更加美丽。植物框景一般都是在有形的花架框下实现的，因此花架的造型立面必须有框景的空型或者说是虚型，如圆环形花架、方框形花架、拱门式花架等。

▲ 框景

▲ 漏景

这些花架上缠绕着攀援植物，成为绿色植物的取景框。取景框内可以框取远处的山水，也可以框取近景，还可以框取亭、台、廊等景观建筑。用植物作取景框框景，其特色是远近景交织，形成一幅别有情趣的风景画，自然而美丽。

植物取景框的特色是变化的，有生命的，它可以是绿叶缠绕的取景框，也可以是鲜花缠绕的取景框，是植物造景常用的一种手法，也是人工与自然完美结合的产物。也既可以根据需要立地而框景，也可以与亭廊架结合，增加功能性质，起到一举两得之效果。

植物造景的漏景手法其实与植物框景有点相似，不同的是没有人为框景的痕迹，只是景前有稀疏之物遮挡，感觉景观自然而然地显露，忽隐忽现、含蓄雅致。在园林中多利用景窗花格、竹木疏枝、山石环洞等形成若隐若现的景观，增加趣味，引人入胜。常用的手法有漏窗、漏墙、漏屏风以及疏林中的漏景等，在园内透过漏窗可领略园外景色，使园内园外融为一体。

■ 4.2.5 对景与夹景手法

对景是指设置于园林绿地轴线及风景视线端点的景，多用于园林局部空间的焦点部位。一般在入口对面、甬道端头、广场焦点、道路转折点、湖池对面、草坪一隅等地设置景物，一则丰富空间景观，二则引人入胜。常采用雕塑、山石、水景、花坛（台）等景物作为对景。

▲ 对景

▲ 对景

为了观赏对景，要选择最精彩的位置，通常利用供游人休息逗留的场所作为观赏点，远处的亭、榭、草地等与景相对。对景可以正对，也可以互对。正对是在轴线的端点设景点，为了达到雄伟、庄严、气魄宏大的效果，互对是在园林绿地轴线或风景视线两端点设置景点，互成对景。对景不一定要有非常严格的轴线，可以正对，也可以有所偏离。

远景在水平方向视界很宽，但其中又并非都很动人。因此，为了突出理想的景色，常在左右两侧以树丛、绿篱、土山、墙垣或建筑物等加以屏障，于是形成左右遮挡的较为封闭的狭长空间，利用轴线的导向及透视焦点的视觉特征，突显尽端景观，这种造景手法称为夹景。

夹景的特点是两侧夹峙而中间观景，既统一又有变化，可增加园景的深远感。在两侧单一的绿壁树丛的夹持下，减弱两侧视线变化，使视线集中到狭长空间的尽头，突出景观特色，形成夹景空间，同时两侧树丛还能起到障景的作用。

夹景主要是为了突出在夹景中所形成的封闭式的视觉感，引出专一的视觉焦点中心。因此，夹景的尽头必然要设置一个具有较高观赏价值的景物，这样才能起到特殊的观景效果，让空间更加丰富。

▲ 夹景

▲ 夹景

■■■ 4.2.6 题景与点景手法

在风景园林空间布局中，除了主景定位外，与主景和主景区有视线直接或间接联系的部位，如山顶、山脊、山坡、山谷、水中、岸边、瀑侧、泉旁、溪源以及在视线控制地位或景区转折点上，经常利用山石、建筑、亭廊和雕塑等景物来点题，使景观有了焦点和凝聚中心。这种手法打破了空间的单调感，增加了意趣，起到了点景作用。

此外，我国园林善于抓住每一景观特点，根据它的性质、用途，结合空间环境的景象和历史进行高度概括，常做出形象化、诗意浓、意境深的园林题咏。题景的形式多样，有匾额、对联、石碑、石刻等。题咏的对象更是丰富多彩，无论是亭台楼阁、大门小桥、假山泉水、名木古树还是自然景象皆可给以题名、题咏，如北京颐和园的万寿山、黄山的迎客松、杭州的花港观鱼、绍兴的兰亭、少林寺的碑林等。

▲ 点景

▲ 题景

题景与点景是造景不可分割的组成部分，是诗词、书法、雕刻、建筑艺术的高度综合。其不但丰富了景的欣赏内容，增加了诗情画意，点出了景的主题，又可借景抒情、画龙点睛，给人以艺术的联想，还有宣传、装饰、导游的作用，如"苏堤春晓""柳浪闻莺""南屏晚钟""断桥残雪""万壑松风"等。正因为点景准确巧妙，诗情

▲ 点景

▲ 题景

画意，才给人以艺术的联想，现在早已家喻户晓，人人皆知了。

"苏堤春晓"题景赏析："苏堤春晓"写的是春景，景在"堤"上，意在"晓"中。"西湖苏堤六条桥，夹枝杨柳夹枝桃。"柳丝依依，桃枝吐蕾，确是苏堤最富有特色的美景。"何处黄鹂破暝烟，一声啼过苏堤晓"（明·杨周诗句）。一个"晓"字，就道出了赏景的良辰。春光初露，和风拂面，桃红柳绿，黄鹂报晓，良辰美景，一应俱全。除此之外，"苏堤春晓"还有一层更深的寓意。一年之计在于春，一日之计在于晨。春天是播种的季节，而清晨又是万物苏醒时辰。"苏堤春晓"这个景名，不仅悦人耳目，而且给人希望，促人奋进。

"柳浪闻莺"题景赏析："柳浪闻莺"，景在"柳""莺"，意在"浪""闻"。"两个黄鹂鸣翠柳"（杜甫诗句)，写的是静态的美，而"柳浪闻莺"，题的则是动态美。柳何以成"浪"?柳性喜舞，"裛十五之纤腰，娜三千之宫女"，古人曾把它比作袅娜多姿的少女。柳枝柔软，柳丛团簇，因风摇曳，正象碧浪起伏。莺"体小喜鸣，深黄一点，巧舌千声"，"百啭无人能解"(宋·黄庭坚词句),

▲ 杭州西湖十大景点之一"柳浪闻莺"

常隐藏在柳丛之中啼叫，给人以听觉美。从"莺啼"到"闻莺"，又进了一层，把人引入了景观。"柳浪闻莺"这个题名，妙就妙在把柳、莺、人融合一体，使人产生"莺在柳中啼""人在画中游"的联想。

■ 4.2.7 实景与虚景手法

虚中有实，实中有虚，虚虚实实，意趣无穷。实景与虚景之造景手法在我国古典园林中可见于建筑、假山等单项造景之中，也可见于景点景区的大环境之中。建筑中以墙面为实，门窗廊柱间为虚；植物群落中以"密不透风"为实，"疏可走马"为虚；园林与建筑组群空间，封闭为实，开敞为虚；山水之间，山峦为实，水流为虚；树石相配，顽石为实，树草为虚，分号山岳风景，山体为实，云雾泉瀑为虚。

▲ 树团为实景，草坪为虚景

▲ 树团为实景，草坪为虚景

在当今园林造景中流行的"组团与留白"就是运用了实景与虚景的造景手法，树团为实，草坪（或广场、水面）为虚。

组团与留白在欧美国家早就是一种很成熟的造景手法，而在我国园林景观营造中还是近些年才开始应用。杭州西湖边花港观鱼公园的植物景观，是20世纪50年代北京林业大学孙筱祥教授从英国留学回来之后，用组团与留白的手法做成的经典的欧式自然植物景观，那应该是我国最早采用这种造景手法的典范。

组团与留白的造景手法，是造景者师法自然，通过对植物自然景观的观察提炼概括出来的。如英国的疏林草地景观就是英国乡村原生态的常见景观，它是植物群落演替的自然产物。英国景观营造师正是对这种自然景观的观察提炼，得出了组团与留白的造景手法。原生态的疏林草地在我国一些生态保护好的地区也是自然存在的。

▲ 周边树林为实景，中间草坪为虚景

▲ 树团为实景，广场为虚景

组团与留白的造景手法，其实就是通过植物的组团围合与分隔，形成一定体量的树群和留出一定的空间，这个空间就是所谓的留白。营造园林景观说到底主要是营造空间，营造满足人们生理和心理需求的空间，即能满足人们对阳光、和风、细雨、安全、放松、游乐、美的欣赏及情感的共鸣等需求的空间。而组团与留白的造景手法就有满足人们这种需求的自然空间。

■ 1. 组团与留白造景的侧重点

组团与留白造景应以留白空间规划为重点，在图纸上勾勒出植物组团与留白空间之间的边界线，边界线勾勒好了，植物组团和留白空间的位置也就确定了。所以边界线的勾勒是组团与留白手法的关键，需要仔细考虑，反复推敲。在勾勒边界线时，组团与留白两者之间，首先应考虑留白空间的布局安排，了解怎样的空间布局能满足人们的需求，怎样的空间布局更自然巧妙。留白空间考虑好了，然后才考虑植物如何组团。

■ 2. 留白空间规划的要点

①留白空间的轮廓应是自然曲折的，避免规则式、几何式等呆板的形式。②组团围合形成的留白空间忌一览无余，部分空间需要隐藏起来，给人以想象，显得深邃。③留白的空间与空间之间，既要相对分隔，又要注意联系、渗透，做到空间之间既相对独立又整体统一。④留白空间内一般为草坪，也可为水体，或者软、硬各式铺装等。留白空间内为草坪的，要注意做微地形。

只有微地形才能符合自然地形之理。⑤植物组团围合的紧密度和留白空间给人感觉的大小是成正比的。在围合的空间大小不变的前提下，植物围合密度大，留白空间给人的感觉显得大；反之，植物围合不紧密，有明显漏缝，甚至没围合，留白空间给人的感觉就显得小。

■ 3. 组团植物配置的要点

①植物组团要注意林冠线高低起伏的变化，还要注意林缘线凹凸有致的变化。进行植物组团时应充分考虑到树木的立体感和树形轮廓，通过里外错落的种植及对微地形的合理应用，使林冠线有高低起伏的变化韵律，形成景观的韵律美。②植物组团中要有疏密的不同，组团密的位置要做成一个树团，即植物小群落，有明确的上中下层次，上层为大乔木、乔木，中层为小乔木、大灌木，下层为小灌木、草本花卉等地被植物；组团疏的位置，一般是

▲ 左边树群为实景，右边草坪为虚景

树团与树团之间的过渡地带，只需几棵树或几个灌木球在色块上松散布置即可。③如何确定树团的位置和过渡带的位置。一般在组团与留白的边界线确定之后就大致清楚了。树团位置的确定要符合植物景观的自然之理，以下是确定树团位置的几条规律：凡道路或水系拐弯的地方要做树团；道路的入口、道路的终端、道路的三岔口、桥头两端等地方要做树团；组团平面图凸出位置要做树团，一字形组团的两端要做树团；一些建筑阴阳角的位置需要做树团柔化。组团中各个树团位置一旦确定下来，剩余的位置就是过渡地带。④做树团的基本要求：在长江中下游地区，一般要求树团上层乔木70%为落叶树，30%为常绿树；中下层小乔木和灌木30%为落叶植物，70%为常绿植物。做树团时各乔灌木种植既要相对集中，以建立之间的群落关系，又要留有足够的生长空间。具体可以概括为"意连形不连"，即在保证各乔灌木有群落关系的前提下（意连），拉开各乔灌木的空间距离（形不连）。做树团要考虑整体协调，从各个乔灌木的体量、色彩、外形、质感上去考虑和协调，从而做出一个自然生动、清新活泼、耐人寻味的植物群落。

▲ 树群为实景，水面为虚景

05

各类植物造景应用图例

　　各类型植物的造景应用是园林植物景观营造的基础，只有熟练地掌握各类型植物的配置应用，才能在植物景观营造中得心应手、表现自如。本章通过各类型植物中主要种类在园林景观中应用的典型案例展示，让学习者有一个直观的感性认识。学习者通过图片下方"举一反三"的文字说明，能够学到更多植物种类的应用方式，以利于在今后的植物配置中能够融会贯通，营造出千变万化、丰富多彩的植物景观。

🌱 5.1 常绿针叶植物造景应用图例

常绿针叶植物主要是松柏类树木，色彩一般偏绿灰色，带有庄重、严肃的视觉感受。因此，常绿针叶植物一般适合于庄严肃静的环境，如政府办公楼周围、学校校园、博物馆、纪念馆、寺院等，能营造出独特的宁静、怀念、永久、深沉的情感。

在植物造景中常用的常绿针叶植物分为常绿针叶乔木和常绿针叶灌木两大类。

5.1.1 常绿针叶乔木造景应用图例

常绿针叶乔木树姿挺拔、高耸，具有直指晴空的雄壮之势。其主要造景方式有孤植（园景树）、列植（行道树、树阵）、丛植（树丛）、群植（树群）及林植（小树林）。

▲ 雪松孤植　　　　　　　　　▲ 雪松丛植　　　　　　　　　▲ 雪松列植

举一反三：云杉、油杉、白皮松、湿地松、柏木、侧柏、圆柏、龙柏等皆适宜于孤植、丛植、列植观赏。

▲ 造型日本五针松孤植　　　　▲ 造型黑松孤植　　　　　　　▲ 罗汉松孤植

▲ 湿地松列植。举一反三：马尾松、油松、白皮松、黑松、柏木等亦适宜于列植观赏。

▲ 湿地松丛植

▲ 造型龙柏孤植

▲ 龙柏丛植。举一反三：柏木、侧柏、圆柏等亦适宜于丛植观赏。

▲ 造型龙柏孤植

▲ 桧柏列植

■■■ 5.1.2 常绿针叶灌木造景应用图例

　　常绿针叶灌木的树姿低矮或匍匐而生，有的被修整成球形，有的顺其自然匍匐作地被。其主要造景方式有孤植（球形）、列植（绿篱）、丛植或片植（色块）。

▲ 桧柏密植修整成圆柱形点景

▲ 桧柏密植修整成绿篱（高篱）。举一反三：圆柏、龙柏、洒金千头柏等亦适宜于密植修整成绿篱。

▲ 龙柏球孤植（龙柏艺术性应用）

▲ 龙柏小苗片植（龙柏艺术性应用）

▲ 洒金千头柏小苗片植

◀ 洒金千头柏密植成绿篱

▶ 铺地龙柏片植。举一反三：铺地柏、沙地柏等亦适宜于片植观赏。

🌿 5.2 落叶针叶植物造景应用图例

　　落叶针叶植物主要是松科和杉科的少数树种，色彩大多偏黄绿色，与常绿针叶植物相反，具有明亮、活泼的个性。落叶针叶植物的适应性强，病虫害少，群植可形成绿色壁障，具有防噪声、固水土、抗风沙等功能。

　　在植物造景中常用的落叶针叶植物主要是高耸挺拔的落叶针叶乔木。其主要造景方式与常绿针叶乔木相同，有孤植（园景树）、列植（行道树、树阵）、丛植（树丛）、群植（树群）及林植（小树林）。

▲ 水杉列植成行道树（春景）

▲ 水杉公路边列植（夏景）

▲ 水杉丛植（秋景）

▲ 水杉丛植（冬景）

▲ 水杉群植（秋景）。举一反三：池杉、落羽杉、水松等亦适宜于群植成景。

▲ 水杉林植（夏景）

▲ 池杉丛植（夏景）

▲ 金钱松丛植（秋景）

▲ 池杉丛植（秋景）。举一反三：水杉、落羽杉、水松等皆适宜于丛植成景。

▲ 池杉不规整列植（春景）

▲ 池杉群植（春景）

🌿 5.3 常绿阔叶植物造景应用图例

常绿阔叶植物种类很多，四季常青，树姿多样，且有开花的、有结果的，具有较高的观赏价值，在植物景观营造中起着比较重要的作用。

在植物造景中常用的常绿阔叶植物分为常绿阔叶乔木、常绿阔叶小乔木和常绿阔叶灌木三大类。

5.3.1 常绿阔叶乔木造景应用图例

常绿阔叶乔木数量较多，以观叶、观形为主，也有一些具有观花、观果价值。在园林中常用的树种有香樟、桂花、女贞、广玉兰、乐昌含笑、木莲、杜英、冬青、红豆树、榕树等。

常绿阔叶乔木的主要造景方式有孤植（庭荫树、园景树）、列植（行道树、树阵）、丛植（树丛）、群植（树群）及林植（小树林）。

▲ 香樟丛植

▲ 香樟孤植

▲ 香樟列植成行道树

▲ 香樟林植。举一反三：广玉兰、乐昌含笑、木莲、榕树等亦适宜于林植成景。

▲ 广玉兰丛植

▲ 桂花孤植

▲ 桂花列植

▲ 枇杷孤植

▲ 柚子孤植

▲ 杜英列植

▲ 杜英孤植。举一反三：女贞、广玉兰、木莲、乐昌含笑等亦适宜于孤植观赏。

▲ 乐昌含笑群植

5.3.2 常绿阔叶小乔木造景应用图例

常绿阔叶小乔木数量不多，以观叶为主，也有一些具有观花、观果价值，还有些品种适宜于修剪，通常被修整成球形。常用的树种有杨梅、柑橘、含笑、四季桂、石楠、椤木石楠、红叶石楠、枸骨、无刺枸骨、胡颓子等。

常绿阔叶小乔木的主要造景方式有孤植（园景树）、列植（高篱）、丛植（树丛）及群植（树群）。

▲ 杨梅孤植

▲ 山茶花孤植

▲ 四季桂孤植

▲ 含笑孤植

▲ 石楠丛植。举一反三：椤木石楠、红叶石楠、山茶花、含笑等皆可以丛植成景。

▲ 石楠孤植

▲ 红叶石楠柱丛植

▲ 红叶石楠柱列植

▲ 珊瑚树丛植

▲ 珊瑚树孤植

■■ 5.3.3 常绿阔叶灌木造景应用图例

　　灌木类植物的特性是能增添栽植的层次感，起到空间划分的作用，还能装饰路边起到导向作用。灌木的配置可以填补乔木树干光秃单调、缺乏层次的不足。此外，小灌木的高度与人体的高度接近，人们围绕在灌木的周边，有融于自然的亲和感。

　　常绿阔叶灌木数量较多，树枝较为密集，适合修剪成形，通常被用作球形或绿篱。其主要造景方式有孤植（球形）、列植（绿篱）、丛植（树丛）以及片植（色块）等。

▲ 杜鹃（春鹃）丛植

▲ 杜鹃（春鹃）片植

▲ 杜鹃（春鹃）片植。举一反三：茶梅、红花檵木、金丝桃、栀子花、小叶栀子花等皆可以片植成景。

▲ 红花檵木孤植

▲ 红叶石楠丛植

▲ 海桐球丛植

▲ 大叶黄杨球孤植

▲ 金叶女贞片植。举一反三：小叶女贞、金森女贞、大叶黄杨、金边大叶黄杨等皆可以片植成景。

▲ 云南黄馨列植

▲ 金丝桃片植

▲ 洒金桃叶珊瑚片植

▲ 红叶石楠列植（高篱）。举一反三：椤木石楠、珊瑚树、蚊母树等亦可以列植成高篱。

▲ 珊瑚树列植（高篱）

▲ 夹竹桃列植

5.4 落叶阔叶植物造景应用图例

　　落叶阔叶植物的特性是具有一年四季的变化美，可以说它们是季节的传讯大使。春天树枝新芽吐露，嫩绿的色彩给人们带来一种明亮、清新、舒展、美丽的感受；夏季树叶丰满，有浓绿之美，给人们带来一片舒适的阴凉；秋天是落叶树的色彩世界，叶色十分丰富，暖色系列给人们带来热烈、兴奋、温暖的情调；冬季是观赏落叶树的树干、树枝、树姿的季节，特别是雪后银装素裹的树姿景色，格外令人流连忘返。

　　落叶阔叶植物一般比常绿阔叶植物具有更多的观赏价值，大多数落叶植物一般都会开花、结果，观赏内容更为丰富，可观叶、观花、观果、观树姿等。当然落叶植物也有不足之处，其秋冬季大量的落叶会给清扫带来麻烦。有的景观需要落叶的气氛和感觉，有的地方却不喜欢落叶，这就需要根据具体情况具体对待了。如游泳池旁、喷泉边就不适合栽植落叶树，因为树叶落进水里，打捞比较麻烦。

　　在植物造景中常用的落叶阔叶植物分为落叶阔叶乔木、落叶阔叶小乔木和落叶阔叶灌木三大类。

5.4.1 落叶阔叶乔木造景应用图例

　　落叶阔叶乔木树体高大挺拔，夏季叶茂荫浓，冬季叶落光透，而且适应性很强，南北方普遍应用。在全国园林景观中，落叶阔叶乔木的种类是最多的，以观叶为主（尤其是秋季观叶），也有部分具有观花价值，如白玉兰、二乔玉兰、飞黄玉兰、鹅掌楸、合欢、槐树、七叶树、栾树、黄山栾树等，还有少量具有观果价值，如枣树、柿树、栾树、黄山栾树等。

　　落叶阔叶乔木的主要造景方式有孤植（园景树）、列植（行道树、树阵）、丛植（树丛）、群植（树群）以及林植（小树林）。

▲ 银杏孤植（冬景）

▲ 银杏丛植（春景）

▲ 银杏行列植（春景）

▲ 银杏列植（夏景）。举一反三：枫香、乌桕、栾树、无患子等皆适宜于列植成景。

▲ 银杏群植（秋景）

▲ 红运二乔玉兰丛植（春景）

▲ 白玉兰列植（春景）

▲ 枫香丛植（夏景）。举一反三：银杏、乌桕、栾树、无患子等亦适宜于丛植成景。

▲ 枫香列植（秋景）

▲ 毛白杨列植。举一反三：加拿大杨、意大利杨等亦适宜于列植成景。

▲ 槐树孤植（春景）

▲ 垂柳丛植（春景）。举一反三：垂柳独特的树姿是其他树种难以替代的，与其相类似的仅有金丝柳、河柳等。

▲ 黄山栾树列植（夏景）

▲ 无患子列植（春景）

▲ 珊瑚朴丛植（夏景）

5.4.2 落叶阔叶小乔木造景应用图例

　　落叶阔叶小乔木种类较多，以观花为主，也有一些具有观叶、观果价值。小乔木树体不是很高大，更有利于人们观叶、观花、观果，让人有一种回归自然的亲近感。常用的树种有梅、桃、碧桃、李、紫叶李、樱桃、日本樱花、日本晚樱、垂丝海棠、西府海棠、丁香、石榴、紫薇、鸡爪槭、红枫、无花果等。

　　落叶阔叶小乔木的主要造景方式有孤植（园景树）、列植（行道树、树阵）、丛植（树丛）以及群植（树群）。

▲ 梅丛植（春景）。举一反三：碧桃、垂丝海棠、日本晚樱等皆适宜于丛植成景。

▲ 碧桃孤植（春景）

▲ 碧桃丛植（春景）

▲ 日本早樱丛植（春景）

▲ 日本早樱列植（春景）

▲ 日本晚樱丛植（春景）

▲ 日本晚樱丛植（秋景）

▲ 日本晚樱丛植（冬景）

▲ 垂丝海棠丛植（春景）

▲ 紫叶李丛植（春景）

▲ 紫叶李丛植（夏景）

▲ 鸡爪槭丛植（夏景）

▲ 红枫孤植（春景）

▲ 红枫丛植（春景）

▲ 紫薇丛植（夏景）

▲ 红枫列植（春景）

▲ 木槿丛植（夏景）

▲ 紫薇列植（夏景）

▲ 白丁香丛植（春景）

▲ 日本黄栌孤植（秋景）

■■5.4.3 落叶阔叶灌木造景应用图例

　　落叶阔叶灌木的姿态较为优美，花形花色也多种多样，如蜡梅、结香、迎春花、金钟花、紫荆、贴梗海棠、木绣球、榆叶梅、牡丹、绣球花、木芙蓉等，是点缀广场、草坪、衔接乔木层次的好材料。落叶灌木在景观建筑小品的衬托方面也非常出色，不仅可以柔化生硬的景观建筑，还可以装饰美化建筑，加强景观的整体美感。

　　落叶阔叶灌木的造景方式以丛植与群植（片植）为主，其次是孤植与列植，其他造景方式较为少用。采用群栽方式可以形成气氛，比孤植更显特色。孤植一般作庭园边角的点缀。

▲ 迎春花丛植（春景）

▲ 金钟花丛植（春景）

▲ 金钟花丛植（夏景）

▲ 喷雪花丛植（春景）

▲ 紫荆丛植（春景）

▲ 贴梗海棠丛植（春景）

▲ 贴梗海棠片植（春景）

▲ 棣棠列植（春景）

▲ 木绣球丛植（春景）

▲ 绣球花丛植（夏景）

▲ 木槿丛植（夏景）

▲ 木芙蓉孤植（秋景）

▲ 蜡梅丛植（秋景）

▲ 伞房决明列植（秋景）

▲ 结香孤植（冬景）

▲ 结香丛植（冬景）

▲ 蜡梅孤植（冬景）

▲ 月季多品种混植（春夏秋）

▲ 月季单一品种片植（春夏秋）

▲ 粉花绣线菊片植（春）

▲ 紫叶小檗片植（春夏秋）

🌱 5.5 藤本植物造景应用图例

攀援性是藤本植物的重要特征。人们利用这种攀援性，通过搭建不同的框架，就可以使植物整体形状变化无穷，丰富了造景形式。藤本植物的依附物成为造型的关键，常用的依附物有景墙、围栏、廊架、花架、假山以及凉亭等。藤本植物可以在立体空间上发挥优势，还可以在地面上做文章，密植成地被。匍匐的爬藤植物以柔软风格见长，种类也较多，色彩丰富，在营造环境气氛上能起到一定的作用。

■ 5.5.1 常绿藤本植物造景应用图例

常绿藤本植物的造景应用分为两大类型，一类是往上攀附生长的，种类不多，如络石、薜荔、油麻藤等；另一类是沿地面匍匐生长作地被的，种类较多，如络石、花叶络石、黄金锦络石、五彩络石、常春藤、花叶常春藤、蔓长春花、花叶蔓长春花、扶芳藤、爬地卫矛等。

▲ 络石垂直绿化

▲ 花叶络石铺地绿化

▲ 五彩络石铺地绿化

▲ 薜荔挡土墙绿化

▲ 黄金锦络石铺地绿化

▲ 薜荔树干绿化

▲ 薜荔景墙绿化

▲ 速铺扶芳藤铺地绿化

▲ 油麻藤假山绿化

▲ 油麻藤假树立体绿化

▲ 爬地卫矛铺地绿化（秋冬景）

▲ 常春藤立体绿化

▲ 常春藤铺地绿化

▲ 金银花丛植美化

▲ 花叶蔓长春花铺地绿化

▲ 观赏番薯铺地绿化

▲ 蔓长春花铺地绿化

■■ 5.5.2 落叶藤本植物造景应用图例

　　落叶藤本植物的造景应用也分为两大类型，一类是往上攀附生长，另一类是沿地面匍匐生长。但在种类数量上则与常绿藤本植物相反，往上攀附的较多，如紫藤、爬山虎、凌霄、藤本月季、葡萄、猕猴桃等；沿地面匍匐生长的较少，仅有葛藤、地锦等。

▲ 紫藤孤植点景（春景）

▲ 紫藤丛植美化（春景）

▲ 多花紫藤廊架美化（春景）

▲ 紫藤廊架美化（春景）

▲ 紫藤廊架绿化（夏景）

▲ 凌霄围墙美化（夏景）

▲ 凌霄公路护坡美化（夏景）

▲ 凌霄挡土墙美化（冬景）

▲ 爬山虎假山绿化（春夏景观）

▲ 爬山虎墙面绿化（春夏景观）

▲ 爬山虎景墙绿化（秋景）

▲ 爬山虎公路边坡绿化（春夏景观）

▲ 五叶地锦墙面绿化（夏景）

▲ 五叶地锦景墙绿化（夏景）

▲ 藤本月季围栏美化（春景）

▲ 葡萄围墙绿化（夏景）

▲ 葛藤公路护坡绿化（春夏秋）

▲ 观赏南瓜廊架美化（夏景）

5.6 特型植物造景应用图例

　　顾名思义，特型类植物的形态比较特殊、美观，如棕榈科植物，除在华南地区重点应用之外，部分耐寒性较强的种类在长江流域地区亦能营造出南国风光，如棕榈、华盛顿棕榈、加拿利海枣、银海枣等。此外，苏铁、龙爪槐、羽毛枫、红羽毛枫、凤尾兰等的形态也较为特别，在园林景观营造中应用也能呈现独特的效果。

▲ 棕榈丛植

▲ 棕榈列植

▲ 加拿利海枣列植

▲ 加拿利海枣丛植

▲ 华盛顿棕榈行列植

▲ 银海枣丛植

▲ 霸王棕丛植（华南地区）

▲ 蒲葵孤植（华南地区）

▲ 蒲葵丛植（华南地区）

▲ 老人葵列植（华南地区）

▲ 老人葵丛植（华南地区）

▲ 大王椰列植（华南地区）

▲ 大王椰丛植（华南地区）

▲ 假槟榔列植（华南地区）

▲ 苏铁列植

▲ 苏铁丛植

▲ 假槟榔丛植（华南地区）

▲ 龙爪槐孤植（春夏秋）

▲ 龙爪槐丛植（冬景）

▲ 羽毛枫孤植（春夏秋）

▲ 红羽毛枫孤植（春夏秋）

▲ 凤尾兰丛植

▲ 金山棕丛植（华南地区）

▲ 棕竹丛植（华南地区）

▲ 凤尾兰片植

🌱 5.7 竹类植物造景应用图例

　　自古竹类就是我国文人墨客喜爱的植物，除了喜欢它"高风亮节"的性格特征外，更主要的是竹类成片栽植能给人们带来洁净、清爽、宁静之感，具有独特的高雅之美。

　　在园林景观中常用的竹类主要是散生竹和丛生竹，造景方式以丛植、群植、林植为主，孤植、对植、列植等方式一般不太采用。

▲ 毛竹林植

▲ 刚竹丛植

▲ 刚竹林植

▲ 刚竹群植

▲ 黄杆竹群植

▲ 黄杆竹群植

▲ 早园竹群植

▲ 早园竹群植

▲ 紫竹群植

▲ 黄金竹丛植

▲ 紫竹丛植

▲ 茶秆竹（丛生竹）丛植

▲ 孝顺竹（丛生竹）孤植

▲ 孝顺竹（丛生竹）丛植

▲ 凤尾竹（丛生竹）孤植

▲ 倭竹（地被竹）片植

▲ 菲白竹（地被竹）丛植

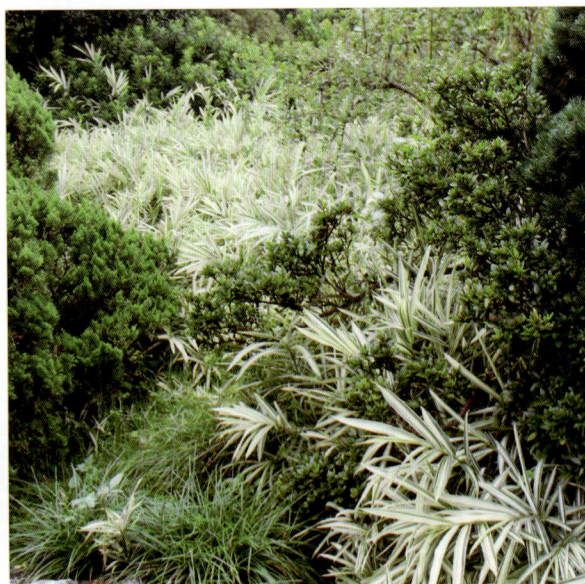

▲ 菲白竹（地被竹）片植

🌿 5.8 水生植物造景应用图例

　　水生植物的特性是生长于水中或岸边，直立或漂浮于水面上，为水面提供了很好的装饰效果，有的还具有净化水质的功能。无论是形态还是色彩，倒映于水面上皆很美观。偶尔微风吹来，水面泛起漪涟，风把水面清晰的倒影轻轻抖散，十分浪漫；风停水如镜，又恢复了清澈的多姿多彩的水中倒影。这种变幻不仅装扮了水面景色，更显现了水生植物独特的宁静之美。

　　如今水生植物已被广泛运用到园林景观中。有些水景池中还采用容器栽植法，把栽植好水生植物的容器藏于水中，使水生植物限制在池内一个固定的范围内，起到水景布局的点缀作用。这种方法的使用展现了水生植物新的形态和新的景观，同时也有利于栽培与管理。水生植物盆景也由此被引进到市民的家居，阳台或平台成为观赏水生植物的好场所。

　　在园林景观中常用的水生植物以挺水型和浮叶型为主，造景方式主要采用丛植、群植、片植，孤植、对植、列植只是用于盆栽水生植物的摆放。

▲ 荷花（莲花、水芙蓉）片植

▲ 荷花（莲花、水芙蓉）片植

▲ 睡莲（子午莲、水芹花）片植

▲ 睡莲（子午莲、水芹花）片植

▲ 王莲（亚马逊王莲）丛植（适生于华南地区）

▲ 花菖蒲（玉蝉花、紫花鸢尾）丛植

▲ 再力花（水竹芋、水莲蕉）丛植

▲ 千屈菜（水枝柳、对叶莲）片植

▲ 香蒲（狭叶香蒲、水蜡烛）丛植

▲ 水葱（葱蒲、冲天草）片植

▲ 花叶芦竹（荻芦竹、江芦荻）丛植

▲ 旱伞草（风车草、水棕竹）丛植

▲ 梭鱼草（海寿花）丛植

▲ 梭鱼草（海寿花）片植

▲ 萍蓬草（萍蓬莲）片植

▲ 狐尾藻（绿凤凰草）片植

▲ 凤眼莲（水胡芦）片植

▲ 慈菇片植

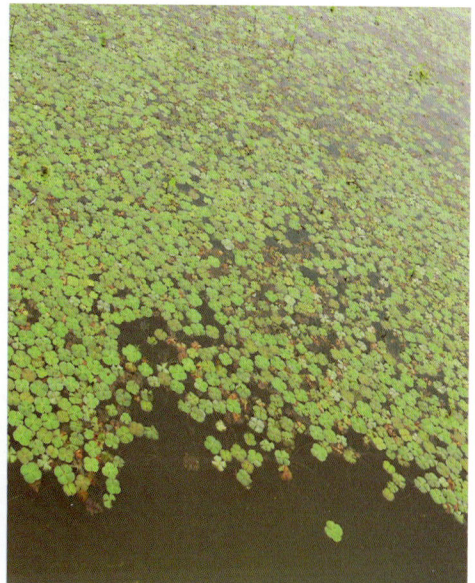
▲ 田字萍片植

🌱 5.9 草本植物造景应用图例

　　草本植物品种丰富，花形与花色绚丽多彩。人们喜爱在逢年过节或是庆贺日子里用草花类植物装饰城市环境。草本花卉是营造气氛的天使，其美丽灿烂、生动自然的姿色，十分妩媚动人，因此人们也喜爱用盆栽花卉点缀室内环境。

　　草本植物的形与色是构造景观、点缀环境气氛的重要元素。利用各色各样的草花进行形与色的艺术组合与巧妙搭配，能产生千变万化的景观视觉效果，可以有效地提高其观赏价值。不同的草本花卉具有不同的观赏价值，除了选择观赏价值高的草花以外，还需要考虑选择生性比较强健的草花，这样的草花一般来说价格也是比较便宜的。

　　草本植物的季节性很强，一般在室外栽植的草花有着严格的季节之分，不可随心所欲地胡乱配置。了解草花的季节特性，避免不必要的损失是景观营造师应当要注意的。

■ 5.9.1 普通草本造景应用图例

　　普通草本包括一年生草本、二年生草本、宿根草本、球根草本，这些草本植物当年枯萎死亡或地上部分冬季枯萎、地下部分宿存越冬，因此观赏季节局限于春、夏、秋三季。

▲ 公园春季花卉展（入口组景）

▲ 公园春季花卉展（建筑造型）

▲ 公园春季花卉展（笔筒造型）

▲ 2016中国G20峰会会标（杭州市区街头宣传景观）

▲ 2016中国G20峰会（杭州市区街头宣传景观）

▲ 公园春季花卉展

▲ 公园春季花卉展

▲ 公园春季花卉展

▲ 公园春季花卉展

▲ 公园春季花卉展

▲ 公园春季花卉展

▲ 公园秋季菊花（宿根）花展

▲ 公园秋季菊花（宿根）花展

▲ 公园秋季菊花（宿根）花展

▲ 公园秋季菊花（宿根）花展

▲ 公园秋季菊花（宿根）花展

▲ 公园春季郁金香（球根）花展

▲ 公园春季郁金香（球根）花展

▲ 公园春季郁金香（球根）花展

▲ 郁金香与其它花卉组合景观

▲ 郁金香与其它花卉组合景观

▲ 芭蕉（宿根）丛植

▲ 芭蕉（宿根）丛植

▲ 美人蕉（宿根）片植

▲ 花叶美人蕉（宿根）丛植

▲ 红花酢浆草（球根）片植作地被

▲ 白花三叶草（宿根）片植作地被

■■ 5.9.2 特殊（常绿）草本造景应用图例

　　常绿草本是部分宿根草本和球根草本的特殊形态，这些草本植物的地上部分冬季不枯萎，四季常青，因此观赏期比普通草本更长，在园林景观中更有实用价值，应当多选择使用。

▲ 沿街草石缝点缀

▲ 金边阔叶麦冬丛植配景

▲ 金边阔叶麦冬片植

▲ 矮麦冬片植

▲ 吉祥草片植

▲ 兰花三七片植

▲ 紫鸭趾草盆栽丛植

▲ 紫鸭趾草列植

▲ 韭兰片植

▲ 葱兰片植

▲ 葱兰与韭兰混植

5.9.3 草坪植物造景应用图例

　　草坪植物是一类特殊的草本植物，在园林景观中占有一定的地位，在居住密集的城市中更加显现出草坪的优势，可以为人们提供视野十分开阔的空间，为孩子们提供安全的活动场地。茂盛的大草坪像天然地毯，给环境增添宽敞、宁静、明快、舒适之感，并且能固定土壤、涵养水分、抑制灰尘的飞扬、减少暴雨的地表径流。一般强健而不怕践踏的草坪更受欢迎，如马尼拉草、百慕大草、假俭草、地毯草等，这些是人们理想的休闲地。有时根据需要，还可以配置不同的花草弥补大草坪一览无余的缺陷，增添植物配置的层次，使草坪更富于韵律和立体感。

▲ 马尼拉草（春夏景观）

▲ 矮生百慕大草（春夏景观）

▲ 矮生百慕大草（春夏景观）

▲ 高羊茅（冬春景观）

▲ 果岭草（冬春景观）

06

各类绿地植物组景图析

　　现代园林绿地类型主要有公园绿地、广场绿地、街道绿地、公路绿地、滨水绿地、校园绿地、机关单位绿地、工矿厂区绿地、居住区绿地、私家庭院绿地、屋顶花园绿地等。前一章"各类植物造景应用"相当于烹调师用单一品种"蔬菜"烹制成的素色"菜肴"，味感较为清淡。本章各类绿地植物组景应用则相当于烹调师用多个品种"蔬菜"烹制而成的花色"菜肴"，色彩、味感更为丰富。本章内容是学习植物造景的重点，通过各类绿地典型植物组合形式的学习，便于学习者在今后植物造景中融会贯通，为各类绿地环境营造出一个个优美的植物景观。

6.1 公园绿地植物组景图析

　　公园绿地由于面积较大，植物造景一般要采用多种植物，特别要注重运用植物群组构成景观，以达到步移景异的效果。同时要强调植物的多层次感和植物色彩的搭配，以丰富的观赏视觉效果取胜。此外，还要强调植物季节变化的组景，如每个季节开花的植物、秋季观叶植物要尽量分布均匀，而群植的方式可以突出观花植物和观叶植物的观赏魅力。

　　公园绿地植物配置的原则是要注意因地制宜，适地适树，不能盲目模仿国外将异地植物在本地强制栽植，以免造成经济损失。合理的做法是用当地树形、花色接近的植物品种进行合理的替换取代，以达到完美的搭配效果，这样才能达到经济、美观的造景目的。

　　公园绿地植物配置的方式以丛植、群植、林植为主，以体现植物的多样性及群体效应，孤植、对植、列植的方式用得较少。

▲ 杭州城区某公园绿地植物配置俯视图　　　　　　　　（此图由杭州凰家园林景观有限公司提供）

雪松

桂花

红羽毛枫

◀ 以常绿针叶乔木（雪松）为背景的植物配置

日本五针松　香樟　黑松

枸骨

◀ 以常绿针叶乔木（黑松、日本五针松）为主景的植物配置

马尾松

赤松　白皮松

日本五针松

▶ 以常绿针叶乔木（马尾松、赤松、日本五针松）为主景的植物配置

香樟

造型龙柏

大叶黄杨

红花檵木

金边大叶黄杨

▲ 以常绿针叶小乔木（造型龙柏）为主景的植物配置

水杉

香樟

桂花

◀ 以落叶针叶乔木（水杉）丛植为背景的植物配置【春】

水杉

乐昌含笑

▶ 以落叶针叶乔木（水杉）列植为背景的植物配置【春】

枳椇

金钱松

冬青

◀ 以落叶针叶乔木（金钱松）丛植为主景的植物配置【秋】

香樟

鸡爪槭

红羽毛枫

▲ 以常绿阔叶乔木（香樟）丛植为背景的植物配置【春】

银杏

枇杷

桂花

► 以常绿阔叶小乔木
（桂花）丛植为主景
的植物配置

桂花

水杉

鸡爪槭

红花檵木

◄ 以常绿阔叶小乔木
（桂花）孤植为主景
的植物配置

广玉兰

红运二乔玉兰

梅

◀ 以落叶阔叶乔木（红运二乔玉兰）丛植为主景的植物配置【春】

垂柳

紫薇

▶ 以落叶阔叶乔木（垂柳）列植为主景的植物配置【春】

无患子

鸡爪槭

红枫

◀ 以落叶阔叶乔木（无患子）、落叶阔叶小乔木（鸡爪槭、红枫）为主景的植物配置【春末】

乌桕

香樟

鸡爪槭

红枫

◀ 以落叶阔叶乔木（乌桕）、落叶阔叶小乔木（鸡爪槭、红枫）为主景的植物配置【春末】

朴树

香樟

▶ 以落叶阔叶乔木（朴树）孤植为主景的植物配置【夏】

乌桕

桂花

鸡爪槭

◀ 以落叶阔叶乔木（乌桕）、落叶阔叶小乔木（鸡爪槭）为主景的植物配置【冬】

垂丝海棠

日本晚樱

三色堇

◀ 以落叶阔叶小乔木（日本晚樱、垂丝海棠）丛植为主景的植物配置【春】

香樟

垂丝海棠

云南黄馨

▶ 以落叶阔叶小乔木（垂丝海棠）丛植为主景的植物配置【春】

水杉

香樟

日本早樱

郁金香

◀ 以落叶阔叶小乔木（日本早樱）群植为主景的植物配置【春】

桂花

红枫

▲ 以落叶阔叶小乔木
（红枫）丛植为主景
的植物配置【春】

桂花

紫叶李

▶ 以落叶阔叶小乔木
（紫叶李）丛植为主景
的植物配置【夏】

乌桕

鸡爪槭

杜鹃

◀ 以落叶阔叶小乔木
（鸡爪槭）丛植为主
景的植物配置【秋】

楼木石楠

紫叶李

金银花

杜鹃

◄ 以常绿阔叶灌木
（杜鹃）丛植为主景
的植物配置

紫叶李

苏铁

红叶石楠

► 以常绿阔叶灌木（红叶石
楠）片植为主景的植物配置

香樟

红花檵木

金叶女贞

杜鹃

◄ 以常绿阔叶灌木（杜鹃、
金叶女贞、红花檵木）片植
为主景的植物配置

◀ 以水生植物（荷花）为
主景的植物配置【夏】

香蒲

睡莲

千屈菜

▶ 以水生植物（香蒲、睡莲）
为主景的植物配置

水葱

荷花

◀ 以水生植物（水葱、
荷花、睡莲）为主景的
植物配置

◄ 以一二年生草本花卉为主景的植物配置

► 以大草坪和球根花卉（郁金香）为主景的植物配置

◄ 木本植物与草本花卉组合而成的林缘花境景观

🌿 6.2 街道绿地植物组景图析

　　街道是人们阅读城市、了解地方历史的一个路径。街道将城市中的历史性场所、公共建筑、商场、住宅、公园以及广场等空间相互串联成一个整体，而其本身的植物配置形式与它两旁建筑的用途、外观风貌相适应，又向人们展现出街道自身在城市扩张过程中所扮演的角色，为人们提供一个明晰易辨的空间景观意向。

　　街道树木的栽植一般都是单品种一路列植到路的尽头，树下种植灌木或草花。灌木以修剪成长条树篱为多，形成快慢车道的合理空间，既保护车辆的安全行驶，也保护行人安全过马路。因此，街道树木配置首先要满足交通划分的功能要求，其次才是美化街道环境。

　　选择配置街道树种很关键，它是构成城市中一道道美丽风景线的基本元素。如香樟街道、桂花街道、雪松街道、银杏街道、枫香街道、悬铃木街道、栾树街道、樱花街道等。有特色的街景不仅纵横交错地美化了城市，使城市变得丰富多彩，同时也方便市民的辨别和记忆。另外，要强调的是街道树的配置需要选择一些耐干旱、比较粗犷的植物，这样管理上就比较便利和经济。

　　街道绿地的植物配置大多是对称配置法，一般道路两侧的植物都是对称栽植，因为它符合大多数人的审美观。当今社会经济条件越来越好，人们对街道绿地的景观要求也越来越高。在一些经济发达的大中城市的街道中央隔离带，可以见到造型树、木本花境、草本花卉等高档次的植物景观。

▲ 杭州城区某街道植物配置俯视图　　　　　　　　　　（此图由杭州市园林绿化股份有限公司提供）

◀ 街道中央隔离带以植物组团花境形成一道靓丽的风景线

香樟

苏铁

海桐

金边大叶黄杨

◀ 街道中央隔离带以香樟列植为主景的植物配置

香樟

日本早樱

红花檵木

► 街道非机动车道隔离带以日本早樱丛植为主景的植物配置

雪松　　　乐昌含笑

香樟

紫叶李

红叶石楠

◀ 街道两边以红叶石楠篱植作为机动车道与人行道的分割带

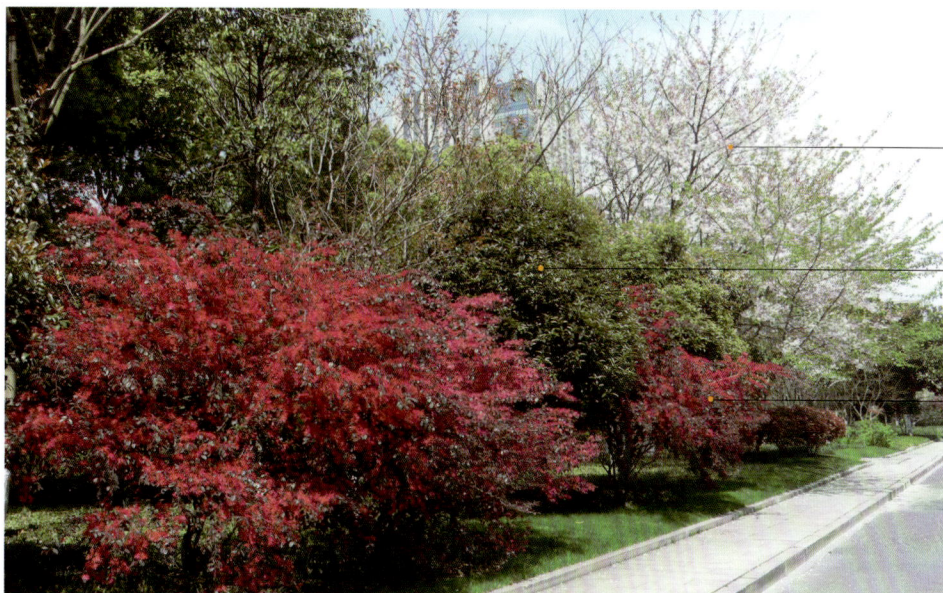

日本早樱

桂花

红花檵木

◀ 街道边以日本早樱、桂花、红花檵木等形成一道优美的风景带【春】

香樟

垂柳

日本早樱

无刺枸骨

▶ 街道边以常绿灌木篱植作为机动车道与人行道的分隔带【春】

日本早樱

雪松

垂柳

金森女贞

◀ 街道边以木本花境的植物配置形成一道优美的风景带

香樟

日本五针松

杜鹃

◀ 街道中央隔离带以
造型树与草花配置形
成一道靓丽的风景线

▲ 街道中央隔离带以造型树与草花配置形成一道靓丽的风景线

银杏

◀ 街道中央隔离带以
造型树与草花配置形
成一道靓丽的风景线

🌿 6.3 公路绿地植物组景图析

　　公路绿地包括公路中央隔离带绿地和公路两侧绿化带。为了驾驶人员的安全，通常在公路中央隔离带种植一定高度（1.2米左右）的植物，以遮挡对向车辆刺眼的灯光；同时，为了驾驶人员能集中精力开车，常在公路两侧列植乔木、小乔木和灌木，形成封闭式的绿墙，以防止驾驶人员东张西望而分散注意力，确保驾驶安全。

　　公路绿地的植物配置一般选择耐干旱的树种，因为空旷的公路阳光强烈，在夏天烈日暴晒下，地面温度很高，植物水分很容易被蒸腾掉。选用耐热、耐干旱的植物，可以节省浇灌的经济成本。常用耐干旱的植物有桧柏、水杉、银杏、枫香、悬铃木、毛白杨、朴树、榆树、榉树、刺槐、栾树、合欢、碧桃、日本晚樱、紫叶李、紫薇、石楠、椤木石楠、夹竹桃、海桐、火棘、十大功劳等。

　　公路绿地的植物配置也需要丰富多彩的布局，尤其在植物色彩的配置上要注意形成片与片的相互衬托的关系，不要稀少凌乱。整片的叶色、花色的对比，可使视觉效果更强。公路植物配置也要注意乔木、灌木、草花以及地被高低层次的关系。尤其需要注意人性化的设计，在公路边栽植一些高大的可遮阳的树木，夏日可提供人们在树下行走较为阴凉的环境。

▲ 公路立交环岛绿地植物配置设计图　　　　　　　　　　（此图由杭州园林设计院股份有限公司提供）

—— 水杉

—— 紫叶李

—— 夹竹桃

◀ 高速公路边以水杉、紫叶李、夹竹桃为主景的植物配置【春】

香樟

夹竹桃

云南黄馨

桧柏

◀ 高速公路边以香樟群植、夹竹桃列植、云南黄馨列植构成景观【夏】

水杉

夹竹桃

▶ 高速公路边水杉、夹竹桃列植构成屏障景观【夏】

加拿大杨

夹竹桃

◀ 高速公路边加拿大杨、夹竹桃列植构成屏障景观【冬】

香樟

黄山栾树

桂花

◀ 公路隔离带桂花列植、
红叶石楠篱植构成景观

鹅掌楸

日本晚樱

桂花

红枫

▶ 公路隔离带日本晚樱、桂
花列植构成景观【春】

◀ 公路边日本早樱列
植构成景观【春】

悬铃木

香樟

▲ 公路边悬铃木、香樟列植构成景观【夏】

桂花

黄山栾树

银杏

紫叶李

▶ 公路边黄山栾树、银杏列植构成景观【秋】

枫杨

江南榀木

香樟

刚竹

◀ 公路边枫杨、江南榀木列植构成景观【冬】

6.4 滨水绿地植物组景图析

　　城市滨水绿地是城市公共开放空间的重要组成部分，也是城市开放空间中最具活力的区域之一，兼具自然景观和人工景观的共同特征。其区域内原有自然水域形态是景观的核心要素，而区域内的建筑及其他人工要素也会对水景形态产生重要影响。

　　滨水绿地的植物配置应根据水面性质因地制宜地选择植物种类，注重观赏、经济与水质改良三方面的结合。除了水生植物外，一般选择耐水湿、喜湿润的植物，如水杉、池杉、墨西哥落羽杉、水松、垂柳、枫杨等。

　　由于滨水岸边湿度较大，对于有观赏价值的彩叶树种来说也是很好的种植环境。彩叶树种在湿润环境中的叶色要比干燥环境中的叶色鲜艳美丽得多，因此滨水岸边很适合栽植色叶观赏树木，如枫香、乌桕、三角枫、五角枫、鸡爪槭、红枫、羽毛枫等。

　　滨水绿地的植物配置可以单一种类配置，如建立荷花水景区。若为几种水生植物混合配置，则要讲究搭配关系，既要考虑植物的生态习性，又要考虑其观赏效果，并考虑它们在一起的主次关系，若高矮相差不多而互相干扰，就会显得凌乱而影响整体景观。

▲ 杭州城区某滨水公园植物景观设计俯视图　　　　　　　　　　（此图由杭州园林设计院股份有限公司提供）

—— 垂柳

—— 再力花

—— 睡莲

◄ 以落叶阔叶乔木（垂柳）和水生植物丛植为主景的滨水景观

香樟

梭鱼草

睡莲

▲ 以木本植物群植和水生植物
片植为主景的滨水景观

红枫

菖蒲

睡莲

► 以木本植物群植和水生植
物丛植为主景的滨水景观

水杉

香蒲

睡莲

◄ 以落叶针叶乔木（水杉）和水
生植物片植为主景的滨水景观

乐昌含笑

香蒲

水葱

萍蓬草

◄ 以木本植物林植和水生植物
丛植为主景的滨水景观

再力花

狼尾草

► 以木本植物列植和水生植物
片植为主景的滨水景观

芦苇

千屈菜

◄ 以木本植物丛植和水生植物
带状栽植为主景的滨水景观

🌿 6.5 校园绿地植物组景图析

　　随着时代的发展与物质文化生活水平的提高，地处城市中的大中专院校已经不仅仅局限于为教学提供场所，更多地表现为提高城市品位。每个校园往往带有一定的政治、历史、文化因素，通常在校园绿地空间中植入文化元素，营造休闲文化空间，为师生提供一个具有浓郁文化氛围的室外活动空间。

　　校园绿地的植物造景风格一般是在规整统一中求变化，以规整式配置为主，但也可以自然式配置。建新校园绿地景观时建议栽植一些可长成参天大树的长寿树，如雪松、香樟、银杏等，校史越长树木越古老，这样对学校的成长历史就能有一个直观的记录。

　　校园绿地的植物造景形式大多以列植为主，一条道上一般栽植一到两种单纯的树种。不同的行道上分别栽植不同的树木，有益于区别空间和不同道路，加强校园内道路的个性特征。在建筑周围的布局一般以自然树形为主，其中穿插一些造型树或修整成几何形的灌木作为点缀，可起到活泼场地环境的作用。

　　校园植物造景还要强调植物的季相变化，栽植一些典型的随季节变化而开放的花木或秋季彩叶树种，以此提醒学生季节的更替和对时间流逝的感慨，而激励其努力学习，并且毕业之后依然能回忆起校园那美丽的一草一木。

▶ 校园主入口用雀舌黄杨和草花组成"欢迎"花景

◀ 校园主入口中央绿地用多种针叶树和阔叶树组成层次分明、色彩丰富的植物景观

香樟

桂花

瓜子黄杨

红花檵木

金边大叶黄杨

◀ 校园综合楼前用多种阔叶树组成层次分明、色彩丰富的植物景观

红枫

桂花

无刺枸骨

红叶石楠

▶ 校园图书信息楼门前用多种彩叶树种组成色彩丰富的植物景观

雪松

垂丝海棠

桂花

垂丝海棠

苏铁

红叶石楠

◀ 校园实验楼前用雪松和多种阔叶树组成层次分明、色彩丰富的植物景观

桂花

红枫

红叶石楠

◀ 校园办公楼前用多种
阔叶树组成层次分明、
色彩丰富的植物景观

造型罗汉松

香樟

造型罗汉松

▶ 校园教学楼前香樟列
植和造型罗汉松方阵景观

香樟

红叶石楠

金边大叶黄杨

◀ 校园办公楼前香
樟列植和红叶石楠等
篱植组合成景【秋】

香樟

茶梅

红花檵木

◄ 校园教学楼前香樟列植和茶梅球列植等组合成景【冬】

雪松

紫叶李

瓜子黄杨

► 校园教学楼边紫叶李列植和瓜子黄杨篱植等组合成景【春】

银杏

雪松

▲ 校园教学楼边雪松、银杏、桂花、矮蒲苇等组合成景【秋】

▲ 校园教学楼边白玉兰列植和瓜子黄杨球等组合成景【冬】

朴树
杜英
红枫

▲ 校园内游步道植物景观【春】

香樟　乌桕　香樟
日本早樱
红花檵木

▶ 校园草坪活动区植物景观【春】

日本五针松
绣球花
南天竹

◀ 校园办公楼墙边绿地植物景观【夏】

▲ 校园教学楼边绿地植物景观【春】

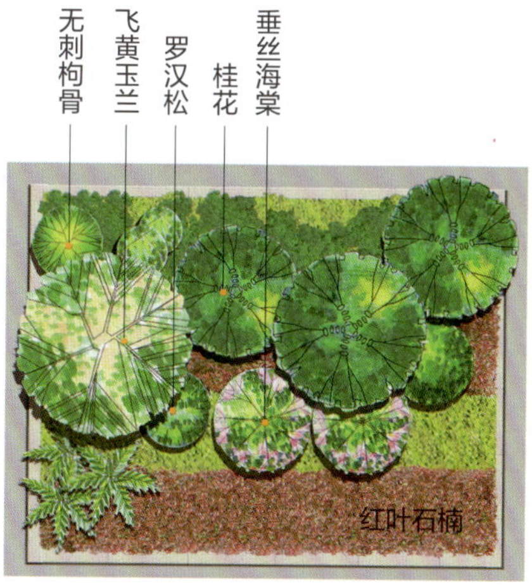
无刺枸骨
飞黄玉兰
罗汉松
桂花
垂丝海棠
红叶石楠

悬铃木
红枫
紫薇
红羽毛枫

▲ 校园内车道边以悬铃木、红枫等丛植构成景观【春】

▲ 校园外围绿地以银杏、桂花、梅等丛植构成景观【春】

火棘
广玉兰
银杏
桂花
梅

🌿 6.6 居住区绿地植物组景图析

城市居住区是指以居住环境为主的区域，是人们居住、生活、活动的基本场所。居住区的绿地景观既要具有满足居民户外活动所需的基本功能，同时还应具备满足居民心理需求、陶冶情操等精神功能。

居住区绿地的植物配置与公园植物配置差不多，主要是为了美化环境而组景，因此比较强调植物类型的多样化，乔木、小乔木、灌木、攀援植物、地被、草花等穿插利用，以丰富小区的绿地空间，给人们提供一个既能观赏又能享受到自然、美丽、舒适的环境空间。

居住区绿地的植物配置尽可能使用常绿树与落叶树穿插配置，花色品种也追求多样化，这样可以避免单调的植物景观，以提供给居民更多的欣赏空间。居住区的主干道两侧的行道树以树冠大、能遮阳的乔木为主，如香樟、银杏、槐树、栾树、无患子、合欢等，这样人们在炎热的夏天在树荫下行走会有阴凉舒适之感。在居住区内还要选择栽植芳香花木，如桂花、白兰花、含笑、蜡梅、结香、栀子花、金银花等，随着季节的变化其能给小区的空间带来一阵阵沁人肺腑的花香，使居住者时常感觉到居住环境的自然和美好。此外，居住区绿地还要考虑铺设大片的草坪，为区内生活的儿童提供安全的游戏活动空间。

▲ 杭州滨江金色兰庭绿地景观俯瞰

（此照片由棕榈生态城镇发展股份有限公司提供）

▲ 杭州滨江城市之星绿地景观俯瞰

（此照片由棕榈生态城镇发展股份有限公司提供）

▲ 杭州滨江城市之星绿地（中段）景观俯瞰

▲ 杭州滨江城市之星绿地（南段）景观俯瞰

（此页照片由棕榈生态城镇发展股份有限公司提供）

▲ 杭州滨江金色海岸绿地景观俯瞰

▲ 杭州滨江万家星城一期绿地景观俯瞰　　　　　　　　　（此页照片由棕榈生态城镇发展股份有限公司提供）

▲ 杭州滨江凯旋门绿地景观俯瞰 （此照片由棕榈生态城镇发展股份有限公司提供）

▲ 浙江诸暨菲达壹品绿地景观俯瞰

华盛顿棕榈

茶梅

杜鹃

◄ 杭州滨江凯旋门水
景与植物景观【春】

朴树

紫藤

香樟

桂花

► 杭州生态园天乐云都
出入口植物景观【春】

广玉兰

红枫

红花檵木

◄ 居住区内活动
平台多种植物组合
景观【春】

华盛顿棕榈

加拿利海枣

鸡蛋花

朱蕉

◄ 居住区内步行道两侧南国风光特色的植物景观（华南地区）

► 居住区中央绿地铺设草坪，空间开阔，视野通透

◄ 居住区绿地铺设大面积草坪，为儿童提供游乐活动空间

▲ 居住区外围绿地层次分明的植物景观

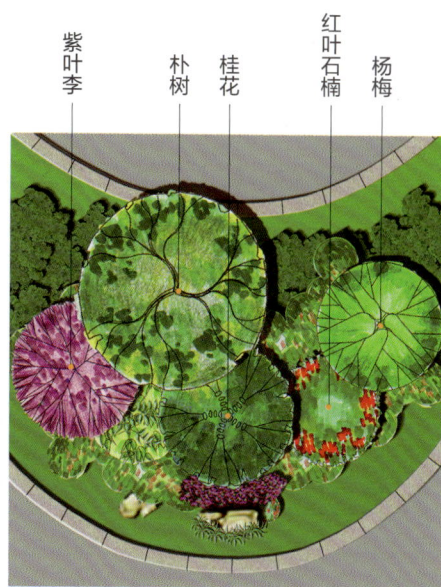

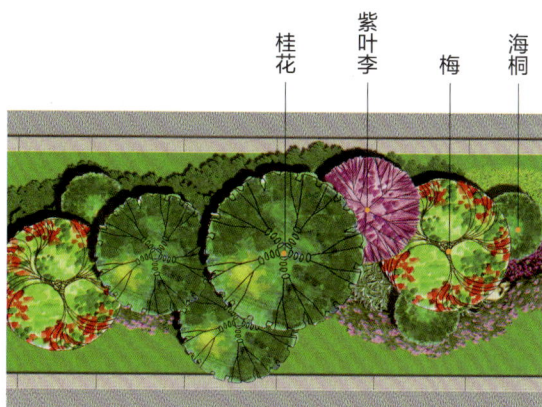

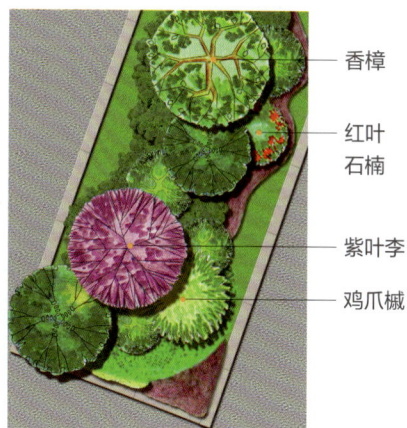

▲ 居住区外围绿地层次分明、色彩丰富的植物景观

▲ 居住区外围绿地层次分明的植物景观

🌿 6.7 庭院绿地植物组景图析

庭院是指被建筑或院墙等实体要素围绕而形成的院落空间，用以作为室内活动场所的扩大与补充。一般庭院绿地的空间较小，而且相对比较封闭，功能较为单一，只提供给少数人使用。

庭院绿地虽然面积不大，但对整体院落空间有着重要意义。相对于建筑空间，庭院起到采光、通风、隔离外界环境等作用，并且丰富了空间的功能内容，承载了如休憩、乘凉、交流等室外活动功能，对建筑室内空间形成补充和延续。

庭院绿地的植物配置通常以栽植观花、观果植物为主要特点，但也有以实用为主的花园，如种植香料植物、蔬菜和瓜果之类的。观赏花园以美化环境为主，大多以植物的花期、果期的变化来丰富花园的观赏性。如果有前后院的话，一般前院种花后院种菜，这样不影响美观问题。近几年国内外的私家花园，也有把蔬菜当花卉一样种植的。蔬菜瓜果与花卉搭配时，需要注意植物的形态和色彩，这样既可观赏又可食用。

私家花园一般面积较小，适合栽植一些成长较慢、耐修剪的树木。若栽植大树会使小花园空间拥堵，造成阳光稀少，影响院子里草花的生长，甚至会出现花卉植物不开花现象。私家庭院的植物品位和主人的喜好有关，有的喜欢栽植一些名贵花草，有的则喜欢栽植打理简单、比较粗放的且具有较长观赏价值的植物。在植物的色彩搭配上也因人而异，有的喜欢红色热闹的气氛，有的则喜欢素雅清淡的格调。这就需要在植物配置之前与主人进行沟通，从而选择确定主人喜爱的植物配置。

▲ 杭州生态园天乐浅隐山云澜苑某别墅庭院植物配置平面图

（此图由杭州凤家园林景观有限公司提供）

黑松

金边胡颓子

▲ 杭州生态园云澜苑某别
墅植物景观之一【春】

鸡爪槭

▶ 杭州生态园云澜苑某
别墅植物景观之二【秋】

瓜子黄杨

▲ 杭州生态园云澜苑某别
墅植物景观之三【冬】

朴树

黑松

羽毛枫

龟甲冬青

▲ 杭州生态园云澜苑某
别墅植物景观之四【春】

朴树

茶梅

黑松

梅

紫藤

▶ 杭州生态园云澜苑某
别墅植物景观之五【冬】

茶梅

云南黄馨

瓜子黄杨

◀ 杭州生态园云澜苑某
别墅植物景观之六【春】

红花檵木

鸡爪槭

黑松

金边胡颓子

矮麦冬

火焰南天竹

◀ 杭州生态园云澜苑某别
墅植物景观之七【秋】

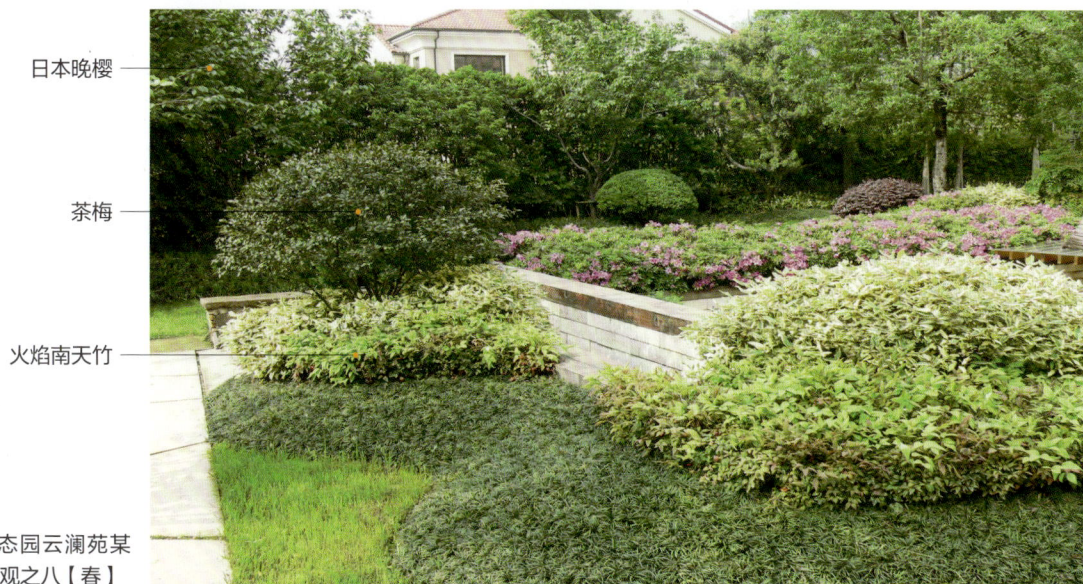

日本晚樱

茶梅

火焰南天竹

▶ 杭州生态园云澜苑某
别墅植物景观之八【春】

桂花

香樟

杨梅

日本晚樱

瓜子黄杨

◀ 杭州生态园云澜苑某
别墅植物景观之九【冬】

◄ 杭州香格里拉别墅区某别墅
庭院植物配置规划图

（此页图片由杭州凰家园林景观有限公司提供）

► 杭州香格里拉别墅区某别墅
庭院植物配置（立面图）之一

◄ 杭州香格里拉别墅区某别墅
庭院植物配置（立面图）之二

◀ 杭州香格里拉别墅区某别墅
庭院植物配置（实景图）之三

▶ 杭州香格里拉别墅区某别墅
庭院植物配置（实景图）之四

◀ 杭州香格里拉别墅区某别墅
庭院植物配置（实景图）之五

造型黑松　　　　香樟　　　　　　　　银杏

香樟

日本晚樱

▲ 杭州香格里拉别墅区某别墅
庭院植物配置（实景图）之六

日本晚樱

造型黑松

▶ 杭州香格里拉别墅区某别墅
庭院植物配置（实景图）之七

◀ 杭州香格里拉别墅区某别墅
庭院植物配置（实景图）之八

造型罗汉松

造型日本五针松

山茶花

茶梅

▲ 杭州余杭桃花源别墅区某别墅庭院植物景观

▲ 杭州萧山地中海别墅区某别墅庭院植物景观

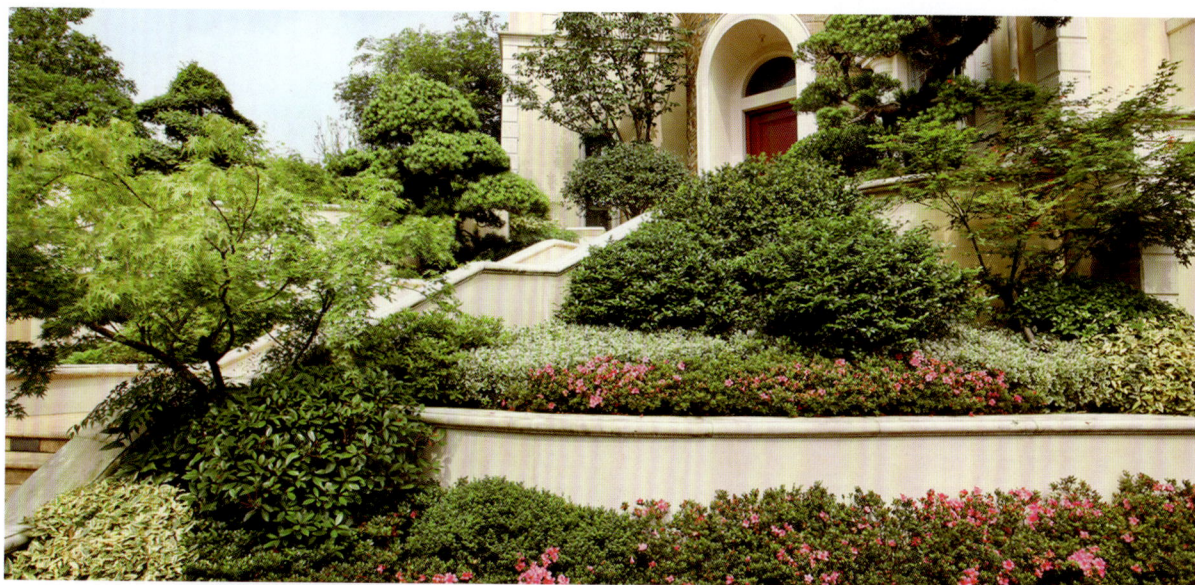

▲ 杭州余杭桃花源别墅区某别墅庭院植物景观

红枫

梅

金森女贞

◄ 杭州萧山地中海别墅区
某别墅庭院植物景观

红枫

南天竹

◀ 杭州滨江湘湖
壹号别墅区某别
墅庭院植物景观

桂花

紫叶李

金边胡颓子

► 杭州滨江湘湖壹号
某庭院庭院植物景观

椰子树

凤尾兰

文殊兰

◀ 广州城区某高档别墅
区内泳池边植物景观

水杉 日本晚樱 桂花 垂柳

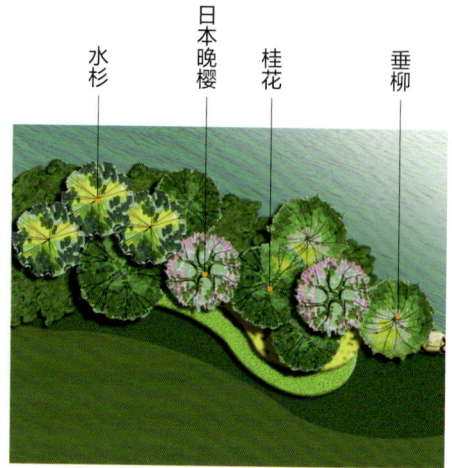

▲ 杭州地中海（萧山）高档别墅区某别墅庭院植物景观

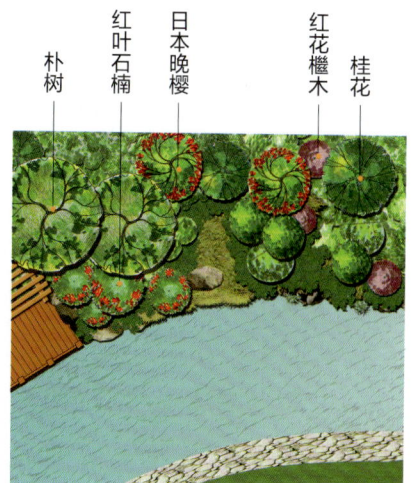

日本晚樱 桂花 朴树

茶梅

▲ 杭州地中海（萧山）高档别墅区某别墅庭院植物景观

朴树 红叶石楠 日本晚樱 红花檵木 桂花

▲ 杭州地中海（萧山）高档别墅区某别墅庭院植物景观

杜英　紫叶李　桂花　梅

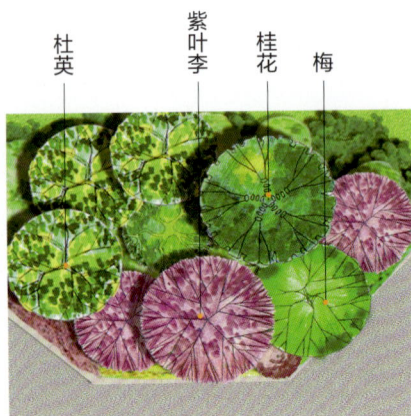

▲ 杭州某别墅区外围绿地植物景观

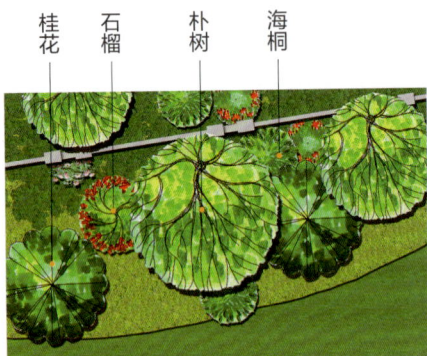

桂花　石榴　朴树　海桐

▲ 杭州某别墅区外围绿地植物景观

桂花　日本早樱　红叶石楠　香樟

▲ 杭州某别墅区外围绿地植物景观

🌿 6.8 屋顶花园绿地植物组景图析

　　屋顶花园的植物配置与通常在地面上的配置方法差不多，都要注重植物的形、色和层次。不同的是屋顶花园是在防水的水泥屋顶上建花园，受到建筑屋顶的条件限制。屋顶花园除了要解决好给水、排水、防漏水问题外，还要注意承重问题。我们知道土层越厚植物越易生存，但是屋顶花园的载重量有限，这样就造成了植物种植的难度，植物往往因水分不足而枯萎死亡。所以屋顶花园需要采用保湿度较好的轻土，另外要选择耐干旱、抗热风、生长缓慢、管理粗放的阳性植物，且以小乔木、灌木和地被植物为主，一般不栽植树体高大的乔木。栽植地被草花的土层厚度一般要求20～30cm，栽植球类灌木的土层厚度一般要求40～50cm，栽植小乔木的土层厚度一般要求60～80cm。屋顶花园栽种植物最好的方法是砌花坛，其次是用可积土较多的大花盆，这样土壤不会流失，可以确保植物正常生长。近年来从国外引进了屋顶花园常用的生物垫，这样屋顶花园的地被植物栽植就很方便，直接往屋顶上铺植就可以。

　　屋顶花园的植物配置还要注意不要栽植大树，尤其不能栽植浅根性的树木，因为屋顶高而招风，高大树木易被吹倒而引发事故。另外还要注意屋顶花园的土壤比较轻，最好不要裸露，因为轻质壤土易被强风吹走而污染环境，还会导致积土量减少影响植物生长。种植一些可固土的地被草花是很好的方法，如沿阶草、阔叶麦冬、矮麦冬、吉祥草、兰花三七、佛家草、白花三叶草、红花酢浆草、马蹄金以及草坪植物等，都可以起到很好的固土作用，还能装点美化花园。

▲ 杭州G20会场屋顶花园（全景）俯瞰　　　　　　　（此照片由杭州中艺生态环境工程有限公司提供）

▲ 杭州G20会场屋顶花园（局部）俯瞰，主要运用组团与留白造景手法

▲ 杭州G20会场屋顶花园中庭景观　　　　　　　　　　　　（此照片由杭州中艺生态环境工程有限公司提供）

▲ 杭州G20会场屋顶花园植物景观之一

▲ 杭州G20会场屋顶花园参观须知

造型罗汉松

造型日本五针松

红花檵木

杜鹃

▲ 杭州G20会场屋顶花园
植物景观之二

造型罗汉松

红花檵木

矮麦冬

▶ 杭州G20会场屋顶
花园植物景观之三

桂花

造型罗汉松

珊瑚树

杜鹃

◀ 杭州G20会场屋顶
花园植物景观之四

鸡爪槭

黑松

观音莲

▲ 杭州G20会场屋顶花园
植物景观之五

造型罗汉松

红枫

棕竹

► 杭州G20会场屋顶
花园植物景观之六

朴树

鸡爪槭

美人蕉

▲ 杭州G20会场屋顶花园
植物景观之七

花石榴

朴树

紫叶桃

四季桂

小蜡

▲ 杭州G20会场屋顶花园
植物景观之八

朴树

鸡爪槭

红花檵木

► 杭州G20会场屋顶
花园植物景观之九

朴树

柑橘

红叶石楠

红花檵木

◄ 杭州G20会场屋顶花园
植物景观之十

造型罗汉松

金镶玉竹

日本五针松

观音莲

杜鹃

▲ 杭州G20会场屋顶花园
植物景观之十一

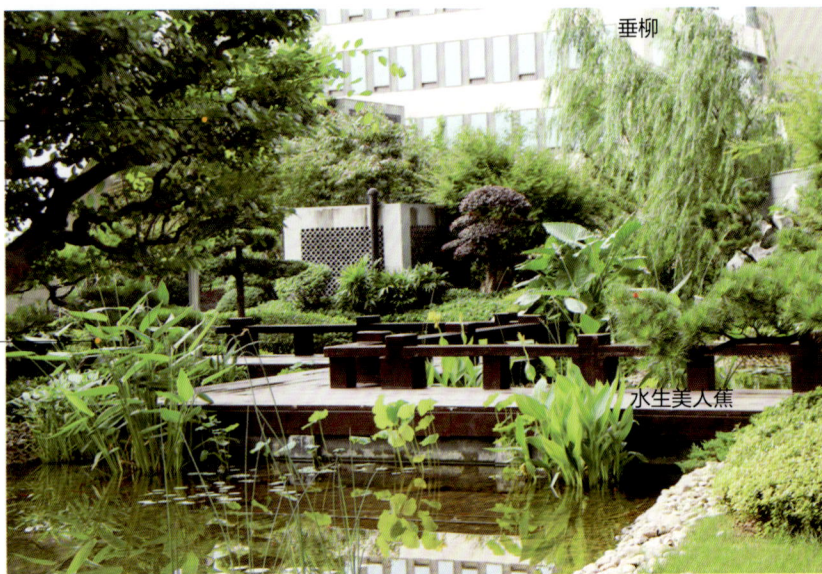

垂柳

榔榆

再力花

水生美人蕉

► 杭州G20会场屋顶
花园植物景观之十二

桂花

睡莲

◄ 杭州G20会场屋顶花园
植物景观之十三

检索表

参考书目

1. 何礼华，汤书福. 常用园林植物彩色图鉴. 杭州：浙江大学出版社，2012

2. 李耀健. 园林植物景观设计. 北京：科学出版社，2013

3. 张建国，王小林. 园林植物识别与应用. 北京：高等教育出版社，2013

4. 李娜. 园林植物景观配置. 北京：化学工业出版社，2014

5. 彭军，高颖. 园林植物造景设计. 天津：天津大学出版社，2011

6. 屠苏莉，丁金华. 城市景观规划设计. 北京：化学工业出版社，2014

7. 徐德嘉. 园林植物景观配置. 北京：中国建筑工业出版社，2010

8. 王波，王丽莉. 植物景观设计. 北京：科学出版社，2008

9. 夏宣平. 园林花境景观设计. 北京：化学工业出版社，2009

10. 胡长龙. 庭园与室内绿化装饰. 上海：上海科学技术出版社，2008

11. 李文敏. 园林植物与应用. 北京：中国建筑工业出版社，2006

12. 倪琪. 西方园林与环境. 杭州：浙江科学技术出版社，2000